一读就上瘾的逻辑学

阿健 著

天地出版社 | TIANDI PRESS

图书在版编目（CIP）数据

一读就上瘾的逻辑学/阿健著. -- 成都：天地出版社, 2025.7. -- ISBN 978-7-5455-7499-9

Ⅰ.B81-49

中国国家版本馆CIP数据核字第2025BM5457号

YI DU JIU SHANGYIN DE LUOJIXUE
一读就上瘾的逻辑学

出 品 人	杨　政
作　　者	阿　健
责任编辑	孙若琦
责任校对	马志侠
封面设计	安　宁
内文排版	蚂蚁字坊
责任印制	王学锋

出版发行	天地出版社
	（成都市锦江区三色路238号 邮政编码：610023）
	（北京市方庄芳群园3区3号 邮政编码：100078）
网　　址	http://www.tiandiph.com
电子邮箱	tianditg@163.com
经　　销	新华文轩出版传媒股份有限公司

印　　刷	河北鑫玉鸿程印刷有限公司
版　　次	2025年7月第1版
印　　次	2025年7月第1次印刷
开　　本	880mm×1230mm　1/32
印　　张	8
字　　数	145千字
定　　价	52.00元
书　　号	ISBN 978-7-5455-7499-9

版权所有◆违者必究

咨询电话：（028）86361282（总编室）
购书热线：（010）67693207（营销中心）

如有印装错误，请与本社联系调换

我们的生活中充斥着逻辑混乱的话语:"你行你上""你为什么不说别人""他急了他急了"……特别是当两个人发生争吵时,一旦彼此陷入情绪的漩涡,连带着说话都没了逻辑。

我最开始会对逻辑学产生兴趣,正是因为我想在争辩中找出对方话语和观点中的逻辑漏洞。而逻辑学是研究"有效推论"和"证明的原则与标准"的学科,正好可以帮助我判断推论的有效性或者强度,让我能够指出对方话语和观点中的根本问题,进而更好地分辨是非对错。

逻辑学是帮助我思考的工具。通过对逻辑学的学习,我能够以更加严谨的姿态开展思辨。"真理越辩越明"是建立在人们都讲逻辑的基础之上的,如若不然,那么争辩就可能变成无休止的吵闹。

逻辑学对人们的生活至关重要,因此每个人都有必要掌握一些逻辑学常识。然而，在现实生活中，人们很少有机会去学习这方面的知识。

语言是表达思想的工具，只有在语言符合逻辑的前提下，华丽的辞藻才能发挥其正面作用。

在语文课上，学生总是被教导如何通过运用修辞手法或引用名人名言来让自己的文章更富感染力，却很少去分析文章是否具有逻辑性，这导致学生很难写出一篇逻辑性强的文章。

可是，当我们试图自学逻辑学，并尝试阅读一些关于逻辑学的经典作品时就会发现，展现在我们眼前的并非生动活泼的语句，而是晦涩难懂的专业名词和数学公式。

现代逻辑学与数学的联系日益紧密，学习逻辑学的难度也越来越大，这难免让人望而却步。化解这一矛盾，正是我创作这本书的初衷。本书并不是传统的逻辑学教科书，而是兼顾易读性和趣味性，可以让读者一读就上瘾的逻辑学入门书。

如果一本书不能让读者读得津津有味，那么它即使内涵再丰富，也难以被大众传阅。因此，本书适量减少了有关数学的内容，辅之以大量生动有趣的例子，使读者便于理解。

在我看来，思辨乃人生乐事。愿读者也能在本书中找到思辨的快乐。

第一章
生活中的逻辑谬误

什么是逻辑谬误 - 003

积非成是：所有人都能说谎，就我不行吗 - 005

回归谬误：学生成绩不行，骂一顿就好了 - 008

格言论证：中国有句古话 - 012

诉诸人身：你有什么资格 - 015

循环论证：心诚则灵，灵则心诚 - 020

假两难推理：他要么是好人，要么是坏人 - 024

诉诸折中：你们各退半步吧 - 028

不当类比：红枣可以补血，核桃可以补脑 - 033

诉诸自然：100% 纯天然，不含任何化学成分 - 038

滑坡谬误：今天借给你 1 块钱，明天你就会借 100 块钱 - 042

诉诸情感：你不认真读书，就会贫穷一辈子 - 045

完美主义谬误：只要不出门，就永远不会被车撞死 - 052

罪恶关联：你和禽兽有什么区别 - 056

稻草人谬误：如果每天都是晴天，生命就会凋零 - 059

偷换概念：一个人怎么可能活几百万年呢 - 063

否认对立：我们来聊点别的吧 - 067

断章取义：庄子也是一个鼓励求知的人 - 069

诉诸纯洁：真正的男生都喜欢理科 - 073

连续体谬误：就算拔掉所有的头发，这个人也不是秃头 - 077

词源谬误：鲸鱼是鱼，因为它的名字里有"鱼" - 081

诉诸无知：你有证据吗 - 084

诉诸可能：只要我有可能考上北大，那就一定能 - 088

诉诸言论自由：这是我的言论自由 - 091

捆包谬误：程序员一定很宅吧 - 093

从众谬误：很多人都是这么做的 - 095

以偏概全：我爷爷天天喝酒，最后活了 100 多岁 - 098

诉诸谬误：你的逻辑有问题，结论一定是错的 - 103

归谬法：专治无理取闹之人 - 106

非形式谬误的分类 - 110

第二章
如何避免成为"乌合之众"

什么是批判性思维 - 119

事实与价值:凡事要分清"是不是"与"喜不喜欢" - 121

相关不等于因果:事情没你想得那么简单 - 125

误导性真相:比谎言更可怕的是"真相陷阱" - 134

认知偏差:不要轻易相信你自己 - 140

回声室效应:那些正在"吃掉"你大脑的信息 - 154

学会提问:你会问,对方才会说 - 158

信息素养:谁掌握信息,谁占据优势 - 162

第三章
像逻辑学家一样思考

什么是形式逻辑 - 171

逻辑学的基本概念：从混沌走向清晰 - 174

直言命题：没人会理解你没有表达的意思 - 178

三段论：复杂问题的拆解术 - 190

命题逻辑：一切皆可计算 - 206

类比论证：不可忽视的底层思维 - 220

科学：从"观自我"到"观世界" - 231

定义：为何你总是被别人误解 - 239

第一章

生活中的逻辑谬误

一个没有接受过逻辑学训练的人，很难发现日常生活中的逻辑谬误，因此常常会陷入他人设计的逻辑陷阱中。在这一章里，通过对各种类型的逻辑谬误的学习，最终你能够识破生活中的逻辑陷阱，拆穿谎言，直达真相，免受伤害。

什么是逻辑谬误

语言与思维密切相关——此刻，我们正是在用自身所熟悉的语言进行思考。通过语言，我们可以汲取前人的智慧；通过语言，我们可以表达内心的想法。

在学习母语的过程中，一个人的思维方式会受到极大影响。我们的语言中存在一些具有逻辑谬误的词语或句子，以至于我们也难免会使用带有逻辑谬误的语言来表达。

某些时候，你可能会隐隐觉得有些话听上去不太对劲，却不明所以。这正是因为你缺乏关于逻辑判断的相关知识，以及用于描述逻辑谬误的相关术语。

为了能用语言描述话语中的谬误之处，逻辑学家对逻辑谬误进行了研究。逻辑谬误大致可以分为两类：一类是形式谬误，一类是非形式谬误。形式谬误是推理结构存在缺陷的谬误，就算没有学习过逻辑学的人，也很容易发现这类谬误；非形式谬误则是需要对语境进行充分考虑才能分辨的谬误。鉴于非形式谬误和生活比较贴近,又富有趣味,故而将其放在本书的第一章。

有些非形式谬误听上去很耳熟,比如以偏概全、偷换概念,但并非所有人都清楚地知道这些词的意思。而且非形式谬误的种类也远比大众所熟知的丰富。在学习了非形式谬误以后,你如果在生活中再度遇到这些谬误,那么就可以用逻辑学的语言描述其荒谬之处,并加以反驳。

积非成是：所有人都能说谎，就我不行吗

"积非成是"是一个常见的逻辑谬误，有两种表现类型：一是，当错误发生时，用另一个错误掩盖现下的错误；二是，一个长期累积的错误，反而被认为是正确的。

例一

小健：小强，你能不能别考试作弊了？

小强：为什么你不去说别人，偏要来说我？明明很多人都在作弊。

在这里，小强拿其他人的错误来遮掩自己的错误，但事实上无论是对小强还是其他人来说，考试作弊都是错误的。

小强并没有直接回应自己考试作弊的问题，而是引入了其他人的作弊问题，他在此处犯的就是积非成是的谬误。如果小

强想要有力地回应小健,那么他就需要提供能为自己的作弊行为辩白的理由,而不是引入其他人的错误混淆视听。其他人是否作弊,在根本上与小强是否作弊无关。

例二

小健:小强,你能不能不要对我说谎?

小强:谁没有说过谎?所有人都能说谎,就我不行?

小强试图用谎言的常见程度来为自己辩护。在评判说谎这一行为的好坏时,我们首先应该考虑的是说谎这个行为本身,而非谎言的常见程度。

说谎会损害说谎者本人的信誉。即便生活中处处充斥着谎言,也不能论证说谎的正确性。

例三

小健:小强,你能不能别听盗版音乐了?这会损害音乐人的利益。

小强:明明可以不花一分钱就听音乐,你偏要跟我扯版权。我一直听的就是盗版音乐,这有什么问题吗?

小强以过去的错误行为来为自己现在的错误辩白。但一个行为正确与否，并不在于这个行为持续的时间。听盗版音乐的错误长期存在，并不意味着现在听盗版音乐就不是错误了。

听盗版音乐这一行为，侵犯了音乐版权所有者的权益。盗版音乐的泛滥会损害音乐创作者的权益，使他们无法获得应有的回报，以至于没有足够的动力继续创作优质的音乐。

‖ 拓展 ‖

积非成是的症结在于，试图用并不相关的内容进行辩解。

当积非成是的表现是引入其他错误时，就需要意识到，其他错误和现下的错误并不相关，我们应当直接讨论现下的错误。

当积非成是的表现是提及错误的持续时间时，我们还需要考虑环境的变化。随着环境的变化，一件在过去被认为是正确的事情，现在很可能会被认为是错误的。因此，我们不能用过去的规范来论证现在行为的合理性。

回归谬误：学生成绩不行，骂一顿就好了

"回归谬误"是指由于没有考虑统计学上的回归现象，因此做出了不恰当的因果推理。

什么是"回归现象"？想象一下，我们在扔骰子的时候，骰子的最终数字会自然地随机波动，且一共有6种结果，分别是1、2、3、4、5、6。如果上一次掷骰子的结果是6，那么下一次的结果比6小的概率很大，是5/6；相反，如果上一次掷骰子的结果很小，比如1或2，那么下一次的结果就有很大概率比上一次大。

例一

老师：小健在上一次考试中的成绩很好，被我夸了一顿以后，这次的成绩反而变差了。小强在上一次考试中的成绩很差，被我骂了一顿，结果这次的成绩有所提升。这样看来，夸

奖会使学生成绩下降，责骂会让学生成绩提升。

考试成绩的变化不一定是因为学生用功程度的不同，也可能是自然的波动。即便学生始终维持相同的用功程度，也可能偶尔考得好，偶尔考得差。一般来说，如果上次考试成绩为满分（就像掷骰子的结果是6），那么下次的成绩往往会比上次差；如果上次的考试成绩很差（就像掷骰子的结果是1），那么下次的成绩往往比上一次好。

如果老师上一次因成绩对学生进行夸奖或批评，那么在下一次学生的成绩出来后，老师就可能误以为是自己的夸奖或者批评对学生的成绩起了作用。实际上，要判断夸奖和批评对学生成绩的影响，还需要更多佐证。

例二

小健：小强，你爸爸妈妈的个子都很高，为什么你的身高和普通孩子差不多呢？

小健认为，身高均较高的父母，很可能生出身高更高的孩子，却没考虑到不管父母的身高如何，孩子的身高都会均值回归，所以孩子的身高普通才是大概率事件。在人群中，身高数据呈正态分布，大部分人的身高都属于普通水平，只有少数人才会特别高或者特别矮。

实际上，"回归（regression）"一词就源自达尔文的弟弟高尔顿在1885年对人的身高的研究。高尔顿发现，身高和遗传有关，高个子男性的儿子的身高通常比普通人更高，但很可能比高个子男性本人矮；矮个子男性的儿子的身高通常比普通人矮，但很可能比矮个子男性本人高。高尔顿把这种现象称为"均值回归"。

在研究了身高的谜题以后，高尔顿还统计了人在其他方面的数据。高尔顿对身高高的人的前臂长度进行了统计。他发现，高个子男性的前臂长度同样存在均值回归现象——高个子男性的前臂一般要比普通人的前臂稍微长一点，但前臂长度超过平均值的程度还是不如他们身高超过平均值的程度。

后来，高尔顿又发现了身高在遗传上的反向均值回归。如果儿子的身高很高，那么大概率父亲的身高也比普通人高，但是父亲通常比儿子矮。

但高尔顿并不清楚其中的原因，也没能为均值回归现象做出足够完善的解释。1908年，英国数学家哈代和德国物理学家温伯格借助"孟德尔遗传定律"，提出"哈代-温伯格平衡"——在一定条件下，基因频率和基因型频率在群体一代又一代的繁衍过程中保持稳定。这些条件包括：群体很大；婚配是随机的；没有选择；有稳定的基因突变率，即由于个体死亡而失去的突变基因由新突变代替；没有个体的迁移。就此，均值回归的现象终于得到了合理解释。

‖ 拓展 ‖

回归谬误源自人们对事物进行归因的倾向。人们喜欢对事物进行归因，从而简化对世界的认知，以获得对生活的控制感。

正确的因果推理并非易事，所以人们不可避免地进行一些错误因果推理。在回归谬误里，很多人因为忽视了回归现象，所以做出了错误的因果推理。

格言论证：中国有句古话

"格言论证"是指仅依靠格言、俗语来论证某一种主张。但格言、俗语往往仅针对特殊情况，一味地将格言套用到普遍情况之中难免缺乏说服力。

例一

当我们讨论多人做同一件事好不好时。

小健：不好，因为"人多手杂"。

小强："三个臭皮匠，顶个诸葛亮"，所以人多是好事。

例二

当我们讨论人是否应该大度时。

小健：人当然应该大度，毕竟"宰相肚里能撑船"。

小强：人不应该大度，正所谓"有仇不报非君子"。

例三

当我们讨论做一件事是否有必要提前准备时。

小健：当然有必要提前准备，"有备无患"嘛。

小强：没什么提前准备的必要，"车到山前必有路，船到桥头自然直"。

例四

当我们讨论读书的效益时。

小健：读书的效益是很高的，"万般皆下品，唯有读书高"。

小强：读书的效益比较低，因为"百无一用是书生"。

从上面的例子我们就能看出，仅仅通过格言或俗语来进行论证显然是不可靠的，因为我们可以不停地找出与之相反的格言或俗语。格言论证往往存在以下几个问题：

1. 格言或俗语通常有特定的适用情境，因此不能作为普遍情境下的答案。

2. 格言或俗语被误传的可能性很大。比如，很多人以为"以德报怨"是孔子所提倡的，但实际上，孔子针对"以德报怨"说的是："何以报德？以直报怨，以德报德。"所以其实孔子并不主张"以德报怨"。

3. 在进行格言论证时，我们很可能会犯"确认偏差"的错误。当人在寻找格言俗语对自己的观点进行论证时，往往会选择性无视那些和自己观点相冲突的格言或俗语，只考虑和自己观点一致的格言或俗语。

4. 格言或俗语往往被人们所熟知，因此格言论证有借助"著名""公认""传统"来论证的嫌疑。但在论证时，格言或俗语虽广为流传，可并不意味着它就是对的。

总之，我们可以用格言或俗语表达自己的观点，但是不应该只用格言或俗语论证我们的观点。

诉诸人身：你有什么资格

"诉诸人身"是一种极为常见的逻辑谬误，具体表现为人们在讨论问题时，将一方的个人特质作为论据。

我们讨论某个观点时，应该聚焦于观点本身，而非提出观点的人。这是因为一个人可能会提出错误的观点，也可能提出正确的观点，观点的正确与否和提出观点的人不存在必然联系。

诉诸人身，分为诉诸正面特质的"因人纳言"和诉诸负面特质的"因人废言"两种。

因人纳言

因人纳言表现为因某人的某些正面特质而轻率地肯定其提出的观点。

例一

小健妈妈：别玩游戏了！

小健：我还想再玩一会儿。

小健妈妈：听话，我都是为了你好。

小健妈妈试图用她的正面动机"为了你好"来论证自己观点的正确性，这就是诉诸正面特质的例子。小健妈妈在劝导小健时，并没有直接给出小健为何不该继续玩游戏的充足理由，这样的劝导怎么会取得好的效果呢？

例二

某网友：纯路人，这个电影真的好看！剧情紧凑，演员演技炸裂……

在互联网上，网友喜欢在发言的开头先告知大家自己的身份，而"纯路人"就是一种看上去客观中立的身份。

但一个中立的身份是不能作为观点可靠的依据的，观点的正确性需要从观点本身出发，与一个人的身份无关。哪怕是"纯路人"，也不意味着他的言论就是客观的。

因人废言

当诉诸人身表现为诉诸某人的负面特质时,这类诉诸人身的谬误被称为因人废言。因人废言表现为将对方在人格、动机、态度、处境等方面的负面特质,用作攻击对方观点的论据。

例一

小健爸爸:我就算生病了,也不会去医院看病,因为医生肯定想从我的身上多赚点钱。

此处,小健爸爸对医生进行了人身攻击,将医生想赚钱的动机作为他不去看病的论据。

医生"治病的动机"与小健爸爸"应不应该寻求医生帮助"这个论题无关,不能作为小健爸爸不去医院看病的论据。所有人都有以盈利维持生活的需求,否则,医生就不会去医院上班了。但为自己牟取正当利益的动机并不妨碍一位医生拥有良好的职业素养。

例二

小健的妈妈一直试图通过吃红枣改善自己贫血的状况。

小健：妈妈，你是缺铁性贫血，红枣里的铁元素含量并不多，作用不大。

小健妈妈：你懂什么？我吃过的盐比你吃过的饭还多！

"我吃过的盐比你吃过的饭还多"是中文语境里的典型反驳话术，背后的意思是：如果一个人拥有更多的生活经验，那么他的判断就更正确。

小健妈妈将小健的负面特质，即"生活经验不丰富"作为辩驳的论据。但生活经验的丰富与否与小健对红枣能不能补血这一事实的阐述是否正确，二者并无必然联系。小健妈妈需要直接讨论的是红枣能不能补血的问题，而不是她和小健谁更有经验的问题。

例三

小健：食堂里的菜越来越难吃了。

小强：你行你上啊！说得好像你做菜多牛似的。

"小健的做菜能力"与"小健对食堂提出的评价是否合

理"没有必然联系。无论一个人会不会做菜,他都有权利评判食物是否美味。

在过去,"你行你上"是一句非常流行的话。但"你行你上"的本质实际上是一种人身攻击——即认为一个人如果要批评某件事,就必须自己有做好某件事的能力。

‖拓展‖

一方对另一方观点的反驳方式,可以分成不同的层次:

1. 辱骂。辱骂是最低级的反驳,完全脱离了理性讨论。
2. 诉诸人身。攻击对方的个体特质,而不讨论对方的观点。
3. 抬杠。反对对方的观点,但没有给出论证过程。
4. 对非核心论点的反驳。找到了对方论证过程中的细枝末节的错误,但并未撼动其核心论点。
5. 对核心论点的反驳。通过充分论证,反对对方的核心论点。

循环论证：心诚则灵，灵则心诚

"循环论证"表现为论点的正确性依靠自身支持。

例一

小强：为什么绵羊喜欢成群结队？

小健：因为绵羊是群居动物。

小强：为什么绵羊是群居动物？

小健：因为它们喜欢待在一起。

在这个例子里，小健的论据是1"绵羊是群居动物"和2"绵羊喜欢成群结队"。它们之间的论证关系可以表示为1→2→1，将其进一步简化，则为1→1。此时，我们不难发现小健其实是试图用"绵羊成群结队"来回答"绵羊成群结队"。

要有理有据地回答绵羊为什么成群结队这一问题，可以引入抵御捕食者等外部视角。

例二

小健：心够诚的话，愿望就会实现。

小强：怎么判断心诚不诚呢？

小健：如果愿望会实现，就证明你的心诚。

在这个例子里，小健的论据是1"心诚"和2"愿望会实现"。它们之间的论证关系可以表示为1→2→1，将其进一步简化，则为1→1。此时，我们不难发现小健其实是试图用"愿望会实现"来回答"愿望会实现"。如果小健不能用循环论证以外的因素解释"心诚则灵"，那么他的论证就缺乏说服力。

例三

小强：一个国家经济形势不好，是什么原因造成的呢？

小健：通常是因为需求不足。

小强：为什么需求不足？

小健：因为经济形势不好。

在这个例子里，小健的论据是1"需求不足"和2"经济形势不好"。它们之间的论证关系可以表示为1→2→1,将其进一步简化,则为1→1。小健所说的"需求不足所以经济形势不好"和"经济形势不好所以需求不足"都是对的,但是由于构成循环论证,所以小健并没有真正回答经济形势为什么不好。

要回答为什么经济形势不好,就需要引入循环论证外的更多解释。对此,不同的经济学家有不同观点,在此不做展开。

例四

小健:只要够努力,就一定会有好成绩。

小强:可是我这次很努力,成绩还是不好。

小健:这说明你还不够努力。

小强:为什么你觉得我还不够努力?

小健:因为你的成绩不好。如果有好的成绩,就说明你够努力。

在这个例子里,小健的论据是1"不够努力"和2"成绩不好"。它们之间的论证关系可以表示为1→2→1,将其进一步简化,则为1→1。小健用"不够努力"解释"成绩不好",可当小强追问小健为什么说自己不够努力时,小健又用"成绩不好"解释"不够努力"。

‖ 拓展 ‖

循环论证通常是这样形成的：要证明论据1，但是论据1受人怀疑，所以用论据2支持论据1；但论据2也受人怀疑，于是再用论据1支持论据2。最终变成了用论据1支持论据1。

循环论证的问题在于，论据1本就是受人质疑的、需要被证明的论据，因此用论据1来证明论点，会缺乏说服力。由于循环论证将受到质疑的论据1当作理所当然的论据，所以循环论证的根本问题就在于其逻辑的无效性。

假两难推理：他要么是好人，要么是坏人

"假两难推理"表现为一方给出少数选项让另一方从中选择，但给出的选项没有覆盖所有可能性。

假两难推理的思维方式也被称为非黑即白的思维方式，会阻碍人对问题进行深入思考。在现实生活中，很多事情并不是非黑即白的，都存在中间地带。

例一

小健：他要么是外向的人，要么是内向的人。

内向和外向并不是可以被轻易区分的特质，大多数人既不是完全内向的，也不是完全外向的，而是兼具内向和外向的一些特质。比如，大多数人在某些场合下是内向的，在另一些场合下是外向的。因此，将人简单地分为内向和外向两类实在过

于粗暴。

例二

小健：他要么是好人，要么是坏人。

在文艺作品里，可能会出现纯粹的好人或者坏人；但在现实生活中，很少有人可以被认定为绝对的好人或者绝对的坏人。

每个人都会呈现善良的一面和邪恶的一面，如果简单地将一个具体的人划分为好人或者坏人，就会妨碍我们对人的全面认知。

例三

小健对一件事发表了自己的观点。

小强：能说出这样的话来，你这个人简直非蠢即坏！

"非蠢即坏"是一个网络流行词，我认为这个流行词有假两难推理的嫌疑。

当小强认为小健发表了不恰当的言论时，小强提出两种可能：1. 小健愚蠢，所以小健因愚蠢发表了不当言论；2. 小健坏，所以小健出于某种不可告人的目的，在明知言论不恰当的情况下，故意发表不当言论。

但问题是，小健发表了不当言论，可能只是因为他缺乏经验，并不是因为蠢或者坏。又或者是小强自己的判断出了问题，其实小健的言论才是恰当的。

更重要的是，"非蠢即坏"还是一种人身攻击。"蠢"和"坏"都是对他人的形容词，和论题本身无关。因此，"非蠢即坏"的评价其实无助于讨论问题。

例四

在17世纪的英国法庭，有一种对被告不友好的"三难推理"。

1. 如果被告说谎，那么他会被指控背叛宗教。
2. 如果被告说实话，那么他会因为承认犯罪而受到惩罚。
3. 如果被告什么都不说，那么他会被认为藐视法庭。

虽然从假两难推理这个谬误的名称来看，说的是两难，但实际上，这个谬误也可能是"三难"或者更多。

在过去，这个司法上的三难困境往往被用来迫害犯罪嫌疑人，因为嫌疑人会发现自己不管做什么，都会受到惩罚。这种对嫌疑人的三难推理，提高了嫌疑人提供不可靠证供的可能性，有害于司法公正。而且它忽视了嫌疑人被冤枉的可能性。如今，许多国家会选择对嫌疑人宣读"米兰达警告"，告知嫌疑人有权利保持沉默。

‖ 拓展 ‖

非黑即白的思维方式也是心理学的研究对象。从心理学的角度看，这种思维方式的形成原因如下：

1. 大脑的处理机制。世界是复杂的，用非黑即白的思维方式简化信息可以提高大脑的处理效率。

2. 避免不确定性。不确定性会导致认知上的焦虑，非黑即白的思维则更让人安心。

3. 教育因素。人在受教育时，教育者可能会用对错来简单地评价学生的行为；学生在答题时，常常只有对错两种选项。非黑即白的思维还可能是受到文艺作品的激发，因为文艺作品里经常出现绝对的好人与坏人，这可能会在潜移默化中影响受众在现实中看待问题的方式。

4. 认知偏差。人在搜集证据时，往往会留意和自己观点一致的信息，忽略和自己观点相悖的信息。这种认知偏差会加深非黑即白的思维，让人对事物产生极端的看法。

诉诸折中：你们各退半步吧

"诉诸折中"和假两难推理相反，它往往表现为认为折中的观点一定是最优解。

例一

两位母亲带着一个新生儿来到所罗门面前。这两位母亲住在同一所房子里，都称自己刚生下一个孩子，都指称对方的孩子在夜里被对方压死了，所以对方出于痛苦和嫉妒，试图将现在唯一活下来的孩子占为己有。

听完后，所罗门说道："既然如此，那么只有一个公平的解决方案，那就是将活着的孩子劈为两半，每个母亲得到一半的孩子。"

听到所罗门的话，孩子真正的母亲惊恐不已，拼命请求所罗门不要把孩子分成两半，表示自己愿意将孩子给对方。于是，所罗门知道了谁才是孩子真正的母亲。

这个出自《圣经》的故事，原意是赞扬所罗门的智慧。现在，我假设所罗门真的打算把孩子分成两半，然后分析所罗门话里存在的逻辑问题。从逻辑的角度看，"将孩子分成两半"是一种折中的解决方案，但并不是好的解决方案——把孩子分成两半，让双方都得不到好处，这就是诉诸折中的表现。

例二

中国人的性情总是喜欢调和、折中的。譬如你说，这屋子太暗，须在这里开一个窗，大家一定不允许的。但如果你主张拆掉屋顶，他们就会来调和，愿意开窗了。

——鲁迅《无声的中国》

折中的结果不一定是最好的结果，因此我们应该针对具体情况进行分析。至于该如何解决屋内照明的问题，其实始终存在一个最优解，且这个最优解不会随着人的极端主张而发生改变。

除了逻辑谬误上的原因，折中心理还有一个产生原因——看重面子。折中的处理方式可以保全双方的面子。

例三

唐朝时有一个颇为棘手的案件,叫徐元庆案。为了替父亲报仇,徐元庆杀死了御史大夫赵师韫。当时,从道德角度看,徐元庆替父报仇是对的;从法律角度看,杀人是错的。在难以抉择之际,陈子昂写了一篇《复仇议》,提议处死徐元庆,同时对他为父报仇的行为进行表彰。

陈子昂折中了"表彰"和"处罚"两件事情,做出"既表彰又处罚"的判决。

但是在法理上,国家不应该同时表彰和处罚同一个行为。因此,几十年后,柳宗元写了篇《驳复仇议》驳斥陈子昂的主张,认为不应该同时对徐元庆进行表彰和处罚。其中写道:

臣闻礼之大本,以防乱也。若曰无为贼虐,凡为子者杀无赦。刑之大本,亦以防乱也。若曰无为贼虐,凡为治者杀无赦。其本则合,其用则异,旌与诛莫得而并焉。诛其可旌,兹谓滥,黩刑甚矣。旌其可诛,兹谓僭,坏礼甚矣。

这段话的大致意思是:我听说礼的根本目的是防止人们作乱。如果说不允许为非作歹、残暴虐民,那么儿子为报父母之仇而杀人，就必须被处死，不能被赦免。刑法的根本目的是防止人们作乱。如果说不允许为非作歹、残暴虐民，那么凡是当官的犯下这样的罪行，也必须被处死，不能被赦免。它们的根本目的是一致的，只是采取的方式不同。表彰和处死不能同时施加在一个人身上。处死应该表彰的人，叫作滥杀，是对刑法的严重亵渎。表彰应该处死的人，是为失当，是对礼制的严重损害。

‖ 拓展 ‖

除了从逻辑学上分析诉诸折中谬误，也可以从心理层面进行思考：

1. 消费心理。面对价格高低不等的商品，消费者往往倾向于选择中等价格的商品。许多商家会针对消费者的这种心理，采用一些策略引导消费者消费，也就是设置一些高昂的价格作为选项。这么一来，原本偏贵的另一个选项便会因为消费者的折中心理而显得不那么贵。

理智的消费者在消费时，不应该因为一个商品的价位不高不低、看上去适中而购买，而应该仔细思考这个商品是否真的适合自己。

2. 保持中立。有一个常见的表达叫作"理中客"，也就是"理性""中立""客观"的简写。"理中客"一词的流行，意味着在很多人看来，中立是一种理所当然的取向。

"理性"和"客观"虽然是好的品质，但"中立"就未必了——中立可能是对不公的默许。面对不公正的事情，摒弃中立而坚持自己的立场，那才是更好的。在第二次世界大战初期，美国一开始采取了中立的态度，后世对美国的这种态度多持否定看法，多数人认为正是美国的中立使得纳粹德国在第二次世界大战初期肆意侵略他国。

不当类比：红枣可以补血，核桃可以补脑

"类比论证"是根据两个或者多个对象具有部分相同属性，从而推出其他属性也相同的结论的论证方式。

当类比论证的力度较弱时，就容易成为"不当类比"。因为类比论证并不具备逻辑上的必然性，它更适合用来说明，而不适合用来说理。

例一

小健的妈妈：红枣是红色的，血也是红色的，所以我觉得红枣可以补血。

"红枣可以补血"的判断在民间广为流传，源自一些人所认同的"吃啥补啥"的类比推理。但红枣和血存在巨大的差异：1. 红枣是果实，血是动物体内的液体；2. 红枣可以直接

食用，血通常不会直接饮用。而且红枣和血之间缺乏联系，因此这是一个论证力度弱的类比论证。

即使从科学的角度进行论证，红枣在补血上的作用也是微乎其微的。对于一般的缺铁性贫血而言，患者需要补充铁。干红枣中的含铁量大约是2~4mg/100g，它的含铁量和猪肝、鸡肝这些动物性食品的含铁量相比，显得微不足道，所以红枣的补血效果不应被夸大。

例二

小健的妈妈：核桃长得和人脑很像，都有很多褶皱，所以我觉得核桃可以补脑。

"核桃补脑"的判断和"红枣补血"类似，都源自传统的类比推理。核桃和大脑的差异同样很大：1. 核桃是果实，人脑是器官；2. 核桃没有意识，人脑有意识。而且核桃和人脑之间缺乏联系，因此这个类比论证的论证力度同样很弱。

并且，我们可以从科学的角度论证核桃对补脑的作用不大——相比其他食物，核桃中并没有特别的可以改善大脑功能的物质。

一些广告中带有核桃可以补脑的暗示，这正是利用了人们对"核桃可以补脑"这一说法的错误认知。

例三

民国学者辜鸿铭主张"一夫一妻多妾制"。

有人质疑：为什么只许男人纳妾，却不许女人多夫？

辜鸿铭：一把茶壶可以配四个杯子，你哪里见过一个杯子配四把茶壶的呢？

婚姻和茶具的差异性很大：1. 身处婚姻中的人有自己的想法，但茶具没有自己的想法；2. 婚姻是复杂的，涉及道德、文化、经济等多种因素，但是茶具是简单的；3. 某些文明中存在一妻多夫制，以茶具作为类比，无法解释这种情况。

因此，婚姻和茶具不适合拿来类比。这种推理不够严密，容易被反驳。陆小曼和徐志摩结婚时就曾反驳过辜鸿铭的主张："志摩！你不能拿辜先生茶壶的譬喻来做借口。你要知道，你不是我的茶壶，乃是我的牙刷。"

但陆小曼所选择的这个类比对象也不够好。婚姻既不能被类比为茶壶和杯子，也不能被类比为漱口杯和牙刷。还不如说，陆小曼的话是一种用于反驳的类比，其主要作用是说明辜鸿铭的类比推理并不恰当。

例四

小健：这次考试题目好难，要完蛋了。

小强：别这么说。你要这么想，你不会的题目或许别人也不会，所以没事。

当我还是一个中学生时，我身边的同学经常用"你不会的题目别人也不会"来安慰人。但这种推理明显存在问题。如果"你不会的题目别人也不会"，那岂不是所有人都应该有一样的分数吗？不同的人对知识的掌握程度不同，因此应该是"你不会的题目，别人也许会"。

小强的问题在于忽视了人与人之间在"知识掌握程度"上存在差异，因此做出了不当类比。

‖ 拓展 ‖

要注意，类比论证本身不是逻辑谬误，只有当类比论证的力度弱时，才会成为不当类比的逻辑谬误。

《墨子·小取》里就对不当类比的逻辑谬误进行了说明："夫物有以同而不率遂同。辞之侔也，有所至而正。"大概意思是：事物之间存在相似之处，但不代表它们是完全相同的。命题间的推论，必须限定在一定范围内进行才是正确的。

只可惜，比较讲究逻辑的墨家在后世并未得到重视，因此中国的古文在漫长的历史里充斥着不当类比的谬误。

判断类比的好坏是一个复杂的问题。在分析上述例子里的类比时，我们主要从差异性和相关性两个角度入手。实际上还有一些别的判断标准，本书第三章在对类比论证讲解时将会提及。

诉诸自然：100% 纯天然，不含任何化学成分

"诉诸自然"表现为主张事物如果是"自然的"，那么它是好的；相反，如果事物是非自然的、人造的，则它是不好的。

但"自然"并不意味着好，非自然也不意味着不好，"好"与"自然"没有必然联系。

例一

某饮品广告：感受自然的纯净，尽在"自然源源源"！零添加，100%自然，让您品味真正的美味。我们精选顶级农产品，不含任何化学物质，只有纯净的营养与口感。享受纯天然的味蕾盛宴，回归健康的生活。选择"自然源源源"，品味纯净，感受自然之美！

在广告里，经常出现诉诸自然的逻辑谬误，比如"纯天然""零添加"等。

产品自身是否"自然"，与其安全性没有必然联系，添加剂的存在也不一定意味着不健康。一般来说，只要添加剂的含量符合国家标准，就不会有大问题。比如，防止食品变质的添加剂，可以降低因食物变质而导致人体中毒的可能性。

例二

某化妆品广告：您是否厌倦了寻找不含化学成分的个人护理产品？您是否担心普通护肤品会对您和您家人的健康造成影响？××是您的完美选择！100%纯天然，不含任何化学成分，让您与家人远离化学成分的伤害！

许多广告喜欢使用"不含化学成分"这样的表述，殊不知这其实是诉诸自然的谬误。

大众对化学成分的恐惧是不合理的。一方面，化学物质是生活里常见的物质。例如，人体所必需的水主要是由氢和氧这两种化学元素组成的；另一方面，人工合成的物质并不一定比自然中存在的物质更健康。

人们对化学成分的恐惧让一些商家看到了机会，于是一些广告便声称自己的产品不含化学成分，反过来这些广告又进一步加剧了人们对化学物质的恐惧。

例三

小强：物竞天择，适者生存。所以某些人家破人亡，根本就不值得我们的同情，因为他们本来就是要被自然淘汰的人。

达尔文进化论中的"自然选择"和"适者生存"的思想不应该被应用到人类社会里。在历史上，社会达尔文主义被用来为优生学、种族主义、法西斯主义等辩护，"物竞天择，适者生存"被歪曲为"弱肉强食"，因而忽视了公正和道德。时至今日，依旧可以在很多地方看到带有社会达尔文主义性质的言论。

现在，社会达尔文主义的观点已经被广泛批评，它主要存在以下问题：1. 忽视文化和环境对人类的影响，过分考虑遗传因素；2. 忽视合作的重要性，过分强调竞争；3. 缺乏科学依据，即便是进化论，也只是描述自然现象的一个模型，更为复杂的人类社会是难以用一个模型准确描述的。

‖ **拓展** ‖

"自然"并不等于好,却有很多人相信自然的就是最好的。为什么他们会这么想?我认为可能的解释有以下几点:

1. 简化思维。用"自然/人造"这样的二元对立思维看待事物,可以简化认知,减轻人们的认知压力。

2. 对未知的恐惧。了解科学和技术需要一定的门槛,因此很多人并不了解人工制品背后的制造流程和工艺,故而对它们有着对未知事物的恐惧。

3. 生存经验。过去,人们依靠自然的东西就能生存下来,因此他们普遍认为自然的东西不会太差,而新的人造的东西需要时间的检验。

4. 定义的模糊。"自然"是一个模糊的词语,不同的人对"自然"一词有着不同的理解。在人们提及"自然"一词时,经常指代的是文化上的"自然",而非事实上的"自然"。从事实的角度思考,世界上本没有不自然的事情,因为只要是发生了的事情,便是自然的事情。因此,说一件事情"自然""不自然"其实没什么意义,因为"自然"这个词反映的多是人们的想象,而非事实。

滑坡谬误：今天借给你 1 块钱，明天你就会借 100 块钱

"滑坡谬误"表现为使用了一连串的因果推理，却夸大了每个环节的因果强度，因此得出不合理的结论。

滑坡谬误之所以被认为是谬误，是因为事情不一定会按照推理所设想的那样连续发生。通常，我们在连续进行因果推理之后，整个论证的正确概率会大幅降低。

例一

小强：小健，能借我1块钱吗？

小健：不行！如果今天我借给你1块钱，那么明天你就会向我借10块钱，后天你就会借100块钱，大后天你就会借1000块钱。长此以往，我会被你借破产的！所以我连1块钱也不能借给你。

在这个小故事里，小健就犯了滑坡谬误，进行了连续但关联性不强的因果推理。今天小强借1块钱，并不意味着明天小强就会借10块钱，也不意味着小强之后的借款数额会越来越大，更不意味着小健会被小强借钱借到破产。

例二

昔者纣为象箸而箕子怖，以为象箸必不加于土铏，必将犀玉之杯；象箸、玉杯必不羹菽藿，必旄、象、豹胎；旄、象、豹胎必不衣短褐而食于茅屋之下，则锦衣九重，广室高台。

——《韩非子·喻老》

这个故事是说，当年纣王使用象牙筷子，箕子见了觉得害怕，因为箕子认为，纣王使用象牙筷子后必定不会再使用陶杯，而是会改用犀角玉石制成的杯子；使用了象牙筷子和玉杯后，必然不会食用粗粮、蔬菜等普通食品，而是食用山珍海味；而食用山珍海味时，必然不会穿着粗布短衣在茅屋中用餐，而是要穿着华贵的衣服，在宽敞的屋子、高高的亭台上用餐……

尽管从历史角度来看，箕子的推论确有其合理性，但若从逻辑学视角来分析，箕子在这里就犯了滑坡谬误。纣王一开始用了象牙筷子，并不意味着他之后一定会用玉杯；就算用了玉杯，并不意味着他之后一定会吃山珍海味；就算吃山珍海味，并不意味着他之后一定会穿最华贵的衣服、修建最昂贵的房子。在现实中，行为之间的联结并不像箕子所说的那样强。

‖ 拓展 ‖

大多数时候，一连串的因果推理会得出荒谬的结论，导致滑坡谬误；但是有时一连串的因果推理也可能是合理的，比如"破窗效应"。

破窗效应的意思是，如果小问题没有得到妥善处理，那么人做坏事的心理负担就会降低，继而导致越来越大的问题。破窗效应的常见表现为，如果人们看到地上有很多垃圾，那么他们对乱扔垃圾的负罪感就会逐渐降低，并最终放任自己乱扔垃圾，久而久之，地面上的垃圾会越来越多。

破窗效应和滑坡谬误有几个核心区别：1. 破窗效应一般是群体对待同一件事情的行为变化，滑坡谬误则通常是对不同事件的因果推理；2. 破窗效应往往有具体的观察，以此来证明其中的因果关系，滑坡谬误则是因果关系不强的假设；3. 破窗效应中的问题本就有出现的倾向，滑坡谬误则推出不大可能出现的问题。

诉诸情感:你不认真读书,就会贫穷一辈子

"诉诸情感"往往表现为通过操纵情感而非用有力的逻辑来赢得争论,且不同类型的情感都有可能造成诉诸情感的谬误。

很多人都依赖情绪行动,因此在缺乏根据的情况下,有的人会选择利用情绪来说服他人。

诉诸恐惧

恐惧是一种古老的情感,当一个人感到恐惧时,就可能做出不理智的行为。"诉诸恐惧"是一种常见的操控手段,而且效果很好。

有一些研究发现,在人际交往中,适当地制造恐惧情绪,可以很容易改变对方的态度;但如果让人过于恐惧,就容易被对方拒绝。

例一

小健：我不想再读书了。

小健的妈妈：如果你不认真读书，就会贫穷一辈子！

在这个例子里，小健的妈妈试图用对贫穷的恐惧来说服小健。过度教育是目前教育中普遍存在的问题，该怎样让孩子好好读书，怎样才能教育好孩子，需要视情况而定。但可以确定的是，家长不应该用对贫穷的恐惧吓唬孩子。

诉诸怜悯

例一

小健：小白是一个残疾人，他这么可怜，怎么可能会是小偷呢？

小健试图用小白的残疾挑起他人的怜悯之心，这是"诉诸怜悯"的谬误。

同时，小健也犯了诉诸人身的谬误，"小白残疾与否"是与"小白有没有偷东西"这一论题无关的个人特质，因此不能作为论证依据。

诉诸谄媚

例一

小健：快把我的笔还给我！

小雨：你这么大方的人，肯定不会因为一支笔跟我计较，对吧？

小雨通过谄媚小健的方式，试图影响小健的行为，让小健不和自己计较。这种谄媚的方式没有正面回应问题，只是在讨好对方。

例二

MBTI是近几年较为流行的人格测试方式。出于对流行文化的好奇，我在某个测试网站进行了测试，结果显示我是INTP逻辑学家型人格。

此外，测试结果里还有一大堆描述INTP人格特点的文字，摘录如下：

只有3%的人口为逻辑学家型人格，非常少见。尽管如此，他们并不以为意，因为他们根本不屑与平庸为伍。逻辑学家们展现了积极主动的创造性、异于常人的视角，以及永不枯竭的智慧，这都令他们深感自豪。人们常常将逻辑学家称为哲学家、思考者或爱空想的教授。在历史的长河中，许多科学发现就是他们的智慧之花所结出的丰硕果实……

MBTI对于测试者认知自己和认知他人有一定的正面作用，但这个网站对测试者过于正面的描述给我带来了负面感受——我认为它在奉承我。

在描述INTP人格的大段文字里，只有大约10%的篇幅描述了INTP人格的缺点。在剩下的约90%的篇幅里，尽是对INTP人格的赞美之词。此外，我还观察了我朋友的测试结果，他们测出来的人格类型与我不同，但在他们的测试结果里，同样有大量篇幅用于描述其人格类型好的一面，而对于其人格类型不好的一面则往往一笔带过。

但不可能所有人格都是正面特质居多的人格。这个流行的测试网站通过"报喜不报忧"的方式奉承测试者，从而让测试者愉悦地接受自己的测试结果，这就是"诉诸谄媚"的谬误。

诉诸荒谬

例一

小健：不会真有人……吧？不会吧？不会吧？不会吧？

在互联网上，"不会吧"是一种阴阳怪气的、用于攻击他人观点的说话方式。这是在试图用"荒谬"来说服对方——仅认为对方的说法荒谬、可笑、愚蠢，却不提出任何论证。

例二

小健：如果高的人和高的人结婚，那他们的孩子很可能是比父母更高的人。

小强：如果高的人和高的人结婚会生出更高的人，那么只需要高的人之间不断合作，就可以生出越来越高的人，但这是荒谬的。历史上并没有出现人越来越高的现象，可见就算是高的人和高的人结婚，孩子一般不会比父母更高。

这个例子看起来很像"诉诸荒谬"，其实是"归谬法"的例子。这里主要是想提醒大家，并不是所有包含"荒谬"的推理都是诉诸荒谬，请加以区分。

归谬法即先假设命题成立，然后据此推理出荒谬的、不符合事实的结果，再反过来推断命题是不成立的。

诉诸厌恶

例一
小强：我不支持同性恋，因为我一想到他们就会觉得恶心。

小强试图以自己对同性恋的厌恶心理来反对同性恋，却没有提出其他的有力论证。小强可以保留自己对同性恋的这种态度，但是在论证支不支持同性恋时，我们需要从理性角度进行论证。

‖ 拓展 ‖
情绪是由神经生理方面的变化引起的精神状态。人容易情绪化，但这并不全是坏的，有时也会有一些积极价值。例如：

1. 快速反应。恐惧使远古人类逃离危险，愤怒使远古人类对抗威胁。在特殊情况下，情绪化地快速反应，远比深思熟虑更有效。

2. 社交信号。情绪可以向其他人传递信息。悲伤可以激发他人的帮助之心，喜悦可以吸引他人参与。对于婴儿来说，哪怕不会说话，光是表达情绪就能引导父母更多地关注自己。

3. 增强记忆。如果一段记忆带有情绪，那么这段记忆会更加深刻。

人在进行理性思考时，应该避免被情绪干扰。现代人所遇到的问题往往不是需要快速反应来进行抵御的物理层面的危险，而是更为复杂的现代性问题，因此情绪通常不能再帮我们躲避危险、对抗威胁，有时还会起到反面作用。

完美主义谬误：只要不出门，就永远不会被车撞死

"完美主义谬误"表现为认为一件事如果不能做到完美，就不应该做，即只能在"放弃"和"完美地完成"之间二选一。

例一

小健：禁止酒驾的法律的实施，大幅度地减少了酒后驾驶导致的交通事故的数量，因此有很大的积极意义。

小强：禁止酒驾有什么意义呢？肯定还有人会酒驾。

小强认为，如果禁止酒驾的法律不能完美地将酒驾的人数降到0，便没有意义。

禁止酒驾的法律虽然不能将酒驾的人数降到0，但能显著降低酒驾的致死人数，因此禁止酒驾的法律当然有意义。同

理，其他法律也不能将违法的人数降到0，但这不意味着其他法律就没有意义。

例二

小健：只要出门，就可能被车撞死。所以只要不出门，就永远不会被车撞死。

小健为了达到"永远不会被车撞死"的完美状态，于是选择不出门，这犯了完美主义谬误。

事实上，因外出而遭遇交通事故的概率极小，若长时间不出门反而会对个人的社交与心理健康产生严重影响。因此，为了绝对的安全而牺牲日常出行的行为是荒谬的。

例三

夫有以噎死者，欲禁天下之食，悖。

——《吕氏春秋》

有人因为怕吃东西噎死，就想禁止全世界的人吃东西，这是不合常理的。

成语因噎废食由此而来，后人多用其比喻一个人由于怕做事时出问题，便索性不做事。

我们在判断自己要不要吃饭的时候，需要权衡吃饭的风险和收益。吃饭的正面收益很大，可以补充人体所需的能量，让我们不至于饿死，还能提供味觉上的享受；吃饭的风险很小，对心智正常的人来说，噎死是小概率事件，因此我们不至于为了避免这点风险而放弃吃饭。

‖拓展‖

有意思的是，有些人的追求恰恰与完美主义者相反，他们认为不完美才是常态。

这样的想法也有其合理性。一般而言，对于同一件事情，随着努力程度的增加，努力所带来的回报就会越来越少（边际效用递减）。因此，不坚持完美，放弃最后那部分需要花费巨大精力才能完成的内容，也许可以提高一个人做事的效率。

例一

乔治·斯蒂格勒：如果你从不错过飞机，那么你就在机场度过了太多时间。

乔治·斯蒂格勒是一名经济学家，这是他提出的一个著名观点。

如果想要避免大部分的迟到情况，我们只需要提前一段时间出发即可。但如果想要杜绝迟到的情况，那么我们就需要提前很长时间出发——杜绝迟到发生的代价，比尽量避免迟到的代价大得多。因此，与其杜绝迟到，不如忍受偶尔迟到带来的损失。

例二

诺贝尔经济学奖得主司马贺在自传《我生活的种种模式》中写道：

> 我是一个自适应系统，无论我的目标是什么，我的生存和成功都取决于对我周围人和事的环境合理地保持真实的图像。由于我的世界图像只是大致接近真实，因此对任何事，我都不追求尽善尽美，而是至多追求做得满意。追求最好只能浪费可贵的认知资源，"最好"是"好"的敌人。

他的观点是，人的认知是有限的，无法完全正确地认知世界，一味追求完美反而会浪费巨大的精力，因此他并不追求尽善尽美，只求让自己满意。

罪恶关联：你和禽兽有什么区别

"罪恶关联"谬误主张某种事物带有的不好的性质，一定也存在于另一种事物之上。

例一

小健：我喜欢玩电脑游戏。

小健爸爸：你若是喜欢玩电脑游戏，那你和那些小混混有什么区别？

小混混玩电脑游戏，并不意味着玩电脑游戏这件事本身是不好的。这就好比小混混也喝水，可这并不意味着喝水就是不好的。

例二

小健：我想留长发试试。

小健爸爸：留长发？那些不爱学习的人才留长发，你也想跟他们一样？

小健爸爸将"留长发"这一中性行为与"不爱学习的人"强行关联，暗示两者性质相同。这种论证方式属于罪恶关联谬误。

这种逻辑的问题在于，一个人的某种特点和负面群体所持有的某种特点很像，并不能得出"这种特点是负面的"这一结论。小健爸爸未证明"留长发"本身会导致学习态度消极，却直接通过负面标签贬低小健的选择。正如不爱学习的人可能也喝水，但这不意味着喝水是错误行为，留长发与学习态度并无必然联系。因此，小健爸爸所进行的罪恶关联没有说服力。

‖拓展‖

在西方，罪恶关联谬误又被称为"希特勒归谬法"，之所以会叫这个名字，是因为在第二次世界大战以后，反对纳粹成为西方主流观念中的重要组成部分，希特勒的名字经常被用来警示世人，以避免世界上再次发生类似的悲剧。

在反对纳粹的过程中，有的人走得未免太远了，甚至是只要某种行为和希特勒的行为有所相似，便被认为是需要反对的:"如果你支持×××,那么你就和希特勒一样。"这便是希特勒归谬法的由来,它是对归谬法的错误使用。即使是希特勒,也有一些合理的主张。比如,希特勒是一个反对吸烟的人。那么难道我们能够因为一个人反对吸烟,就觉得他像希特勒吗?

不过,并非所有与希特勒相关的归谬都是逻辑谬误。在进行与希特勒相关的归谬时,我们应当注意归谬的相关特征是不是纳粹的核心特征。如果归谬的是极权主义、种族主义这样的核心特征,那么归谬就是合理的。

稻草人谬误：如果每天都是晴天，生命就会凋零

"稻草人谬误"表现为先曲解对方的论点，然后针对曲解后的论点（稻草人）进行攻击，最终宣称自己已经推翻了对方的论点。

稻草人谬误通过曲解对方的论点，来让对方的论点显得荒谬。但通过曲解论点的方式推翻对方的论点，最终击倒的只会是"稻草人"，而不是对方真正的论点。

例一

小强：我喜欢晴天。

小健：如果每天都是晴天，就没有雨，生命就会凋零。

在这个例子里，小健没有讨论小强所提出的"喜欢晴天"这一观点，而是创造了一个小强没说过的观点——"喜欢每天

都是晴天",然后针对自己创造出来的这个新观点进行回应。

例二

小强:我不想再看这本书了。

小健:教育可以帮助人全面发展,所以你不可以不接受教育。

在这个例子里,小健并没有讨论小强所提到的那本书,而是创造了一个小强没说过的观点——不想接受教育,然后针对这个新观点进行回应。

例三

小强:你相信进化论吗?

小健:我不信。如果人是猴子变的,那么为什么地球上还有那么多没有变成人类的猴子呢?

"人是猴子变的"是对进化论的典型误解。因此,小健所谓的"人是猴子变的"是他捏造的观点,而非进化论本身的观点。

人和猴子只是拥有共同的灵长目祖先而已,在漫长的进化历史上，一部分灵长目祖先进化为猿、猴，另一部分灵长目祖先则进化为人类。但这并不是说，现有的人类就是由现有的猴子进化而来的。

例四

孟子：杨氏为我，是无君也；墨氏兼爱，是无父也。无父无君，是禽兽也。

"无父"和"无君"并不是杨朱和墨子的原始观点，而是孟子捏造出的观点。我们暂时不讨论杨朱和墨子初始观点的对错，但经过孟子扭曲后的"无父"和"无君"，明显是一个更容易被攻击的观点。

‖ 拓展 ‖

稻草人谬误是一个常见的谬误，尤其是当说话的人抱着强烈的胜负欲与人对话时，这种谬误更易出现。

我经常在互联网上看到一种"幽默"的攻击方式——翻译对方的话。此时的翻译并不是将一种语言翻译成另一种语言，而是对说话者进行稻草人攻击。通过曲解原意，让对方的观点看上去较为荒谬，以赢得争论并博得观者一笑。但这种攻击方式在争论的过程中明显不是基于客观和公正的立场。

稻草人谬误提醒我们，在观察两个人争论时，应该尽可能地确认两个人的原意，因为一方的转述很有可能模糊另外一方的观点，观点在转述过程中极有可能失真。

偷换概念：一个人怎么可能活几百万年呢

"偷换概念"指某人故意修改了谈话中的关键词的概念。由于偷换概念的人通常知道说话者心中真正想表达的意思，所以这样的人往往有着用不讲逻辑的方式在争论中求胜的动机。

例一

小健：人已经在地球上生活了几百万年了。

小强：胡说，一般的人活不到100岁，怎么可能活几百万年呢？

在这段对话中，小健说的"人"指"人类"，小强说的"人"是"个人"。因此，小强偷换了"人"的概念。

例二

在《白马论》中，公孙龙有一段非常著名的"白马非马"论证。

他首先建立了"白马非马"这个命题，主要的理由是："马"是用来描述外形的，而"白"是用来描述颜色的，颜色与形状属于不同范畴，所以白马不能说是马。白马是由颜色（白色）与外形（马）两种特征结合而成的。如果不具备颜色（白色）这个特征，单单只有外形（马），就不能说是白马。

他接着强调，黄马和黑马都是马，但黄马和黑马不是白马。如果白马是马，那么黄马和黑马因为不是白马，所以不是马，与命题矛盾，所以不成立。

其论证的核心步骤如下：

1. "白马"有两个特征，即颜色上的白和外形上的马；
2. "马"没有颜色上的特征，只是外形上的马；
3. 拥有两个特征的"白马"不等同于只有一个特征的"马"，因此"白马非马"。

这一论证实际上偷换了"是/非"的概念。在日常语言中，"是"有两种含义：第一种表示"隶属"，例如"太阳是恒星""太阳是天体"；第二种表示"等同"，例如"太阳是离地球最近的恒星""太阳是位于太阳系中心的恒星""太阳是迄今为止天空中最明亮的天体"。

我们再来看公孙龙的论证。其中，结论"白马非马"的"非"表示不隶属；而在论证"白马非马"的过程中，其中的"非"却表示不等同。因此，"白马非马"的谬误在于偷换了"是/非"的概念。

例三

小雨：我是农民的女儿。

小强：我就是农民，所以你是我的女儿。

小雨说的"农民"，指的是一种身份，代表某一类拥有共同特征的群体。

而在小强的逻辑里，他试图将"农民"解释为具体的某个人，进一步将小雨表达的意思偷换为"我是小强的女儿"，这是偷换概念的逻辑谬误。

例四

庄子与惠子游于濠梁之上。

庄子：鲦鱼出游从容，是鱼之乐也。

惠子：子非鱼，安知鱼之乐？

庄子：子非我，安知我不知鱼之乐？

惠子：我非子，固不知子矣；子固非鱼也，子之不知鱼之乐，全矣！

庄子：请循其本。子曰"汝安知鱼乐"云者，既已知吾知之而问我，我知之濠上也。

这个例子里，庄子的最后一句话就存在偷换概念的谬误。偷换概念的过程是这样的：惠子问"汝安知鱼乐"时，"安"表示反问；等到庄子回答时，却将"安"的意思偷换成"哪里"。

‖ 拓展 ‖

在逻辑学里，有一个需要遵守的基本原则——同一律。同一律是亚里士多德提出的三个思维规律之一。

同一律的表述很简单，即"A=A"。也就是说，每个事物都与它自身相同。这看似不值一提，实际上非常重要——如果不遵循同一律，使得词汇所代表的意思一直变化，那么思考就不能进行下去了。

偷换概念的谬误问题就在于违反了同一律——当人们在论证中更改概念后，A就不等于A了。

否认对立：我们来聊点别的吧

"否认对立"表现为当某人需要从两个互斥的选项中做出选择时，可能会引入无关的第三个选项，以此回避原本的问题。

这个策略通常被用来避免面对某个难题，使对方无法继续追问或争辩。

例一

小强：一辆失控的列车在铁轨上行驶。在列车正行进的轨道上，有5个人被绑起来，无法动弹。列车即将碾过他们，而此时的你站在改变列车轨道的操纵杆旁，如果拉动此杆，则列车将切换到另一条轨道上；但与此同时，另一条轨道上也有一个人被绑着。你有两种选择：第一个选择是什么也不做，让列车按照正常路线碾过这5个人；第二个选择是拉下操纵杆，让列车改道，使列车压过另一条轨道上的那个人。请问你会怎么做？

小健：电车根本就不存在，都是假的。

例二

小强：琴棋书画里，你最擅长什么？

小健：我最擅长打牌。

例三

小强：你喜欢哲学吗？

小健：哲学？这个问题重要吗？我觉得最重要的是能找到一份好工作。

在面对难以抉择的困难情形时，小健应该直接在小强提供的选项里进行选择，但他却提出了本不存在的第三种可能，借此回避问题，犯了否认对立的谬误。

‖ **拓展** ‖

否认对立和假两难推理是两个表现形式相反的逻辑谬误。假两难推理是在存在其他可能时，强制让人二选一；否认对立则是在应该进行二选一的时候，提出不该提出的第三种可能。

断章取义：庄子也是一个鼓励求知的人

"断章取义"表现为去除原论述的语境，从而扭曲原意。

有些作者为了使自己文章的行文看上去简洁，便在引用经典时只引用原作中的一小段话，但这样读者易对经典的原意产生误解。在日常生活中，有许多被断章取义的典型案例。

例一

小健：庄子说过，"吾生也有涯，而知也无涯"。可见，庄子也是一个鼓励求知的人。

很多人引用庄子的这句话，认为应当努力求知。然而，庄子的这句话还有后半段，其完整的表达是这样："吾生也有涯，而知也无涯。以有涯随无涯，殆已。"

由此可见，庄子认为知识太多，但生命有限，所以人不应该用有限的生命追求无限的知识。如果只看上半句话，就难免断章取义。

例二

尼采：上帝已死。

于是，有人便认为尼采是一个无神论者，因为尼采认为上帝已经死了，不会再造成影响。

其实，"上帝已死"并不是一句主张无神论的话。对于无神论者而言，上帝本来就没有真实存在过，所以不会有"已死"一说。

因此，我们不能从字面意思上去理解"上帝已死"。实际上，"上帝已死"是一句凝练的宣言，用来说明启蒙运动和科学发展使得基督教所主张的上帝是存在的这一观念不再被人普遍接受。

例三

马克思：宗教是人民的鸦片。

于是，有人便认为马克思觉得宗教的危害犹如毒品，鼓励人们应该像反对毒品一样反对宗教。

"宗教是人民的鸦片"确实是马克思的话,但是他的主要意图并不仅仅是批判宗教。如果我们脱离语境,仅认为马克思是在简单地批判宗教,就是断章取义了。这句话出自马克思的《黑格尔法哲学批判》导言,原文如下:

宗教里的苦难既是现实的苦难的表现,又是对这种现实的苦难的抗议。宗教是被压迫生灵的叹息,是无情世界的情感,正像它是无精神活力的制度的精神一样。宗教是人民的鸦片。

对宗教的批判只是马克思论述的开始,他想批判的是当时的社会、政治、经济、法律和哲学状况。马克思认为宗教固然在麻痹人们,但现实世界对人们的压迫才是宗教滋长的根本原因。

‖ 拓展 ‖

在互联网上,断章取义的情况极为常见。我经常看到有的网友会发一张截图,然后根据截图写"小作文",义愤填膺地控诉别人。

通过截图进行控诉,存在两个问题。第一,截图不能反映事件的全貌,网友经常只截取对自己有利的内容,而不是完整地展示事件的前因后果。如果从另一个视角看待事件,可能会得出不同结论。第二,截图的伪造成本低,只要借助相关的软件,即可快速生成逼真的图片。

诉诸纯洁：真正的男生都喜欢理科

"诉诸纯洁"这一谬误由哲学家安东尼·弗卢提出，其表现为当自己某个观点遇到反例时，不去纠正原始观点，而是选择性地为这个观点制定一个理想的标准予以辩护。

例一

安东尼·弗卢提出过一个例子：一位名叫哈密斯·麦克唐纳的苏格兰人，他坐下打开《格拉斯哥先驱晨报》，看见一则题为《布莱顿色魔再度犯案！》的新闻。然后他震惊地说："没有苏格兰人会干这种事！"隔天他又打开报纸，看见新闻描述了一位亚伯丁人更为残暴的行为，他认为，相较之下，布莱顿色魔居然还算个绅士。哈密斯的想法显然是错的，但他会承认吗？似乎不会。这次他说："没有真正的苏格兰会做这种事。"

这个例子是诉诸纯洁谬误的来源。在这个例子里，哈密斯·麦克唐纳认为"苏格兰人都不会性犯罪"。因此，当出现与哈密斯·麦克唐纳的观念不符的苏格兰性犯罪者时，他便认为"真正的苏格兰人不会做这种事"，认为那些有性犯罪行为的苏格兰人不是真正的苏格兰人。但又有谁可以定义什么是"真正的苏格兰人"呢？那些实施了性犯罪的苏格兰人，自然也是苏格兰人。

例二

小雨：男生都喜欢理科。

小健：我是男生，我更喜欢文科。

小雨：好吧，真正的男生都喜欢理科。

小雨的错误在于，当"男生都喜欢理科"这一观点被反驳时，他不去修正自己的想法，而是提出假想的"真正的男生"来为自己辩护。

为了自己的观点，小雨将"男生"的概念进行了篡改。在判断一个人的生理性别时，我们一般会根据生理性征进行判断。小健是男生，但男生自然也有喜欢文科的。

例三

小健：素食主义者既不会吃动物身上的肉，也不会吃从动物身上获得的动物产品。

小雨：我知道有一些素食主义者虽然不吃肉，但是他们会吃蜂蜜、乳汁、奶酪、蛋这种不会直接伤害动物的动物产品。

小健：那这些素食主义者就不是真正的素食主义者，因为真正的素食主义者不会吃这些。

素食主义者有许多类型，比如有纯素食主义者和蛋奶素食主义者。纯素食主义者不食用包括蜂蜜、乳汁、奶酪、蛋等在内的和动物有关的产品，也不使用毛线、皮制品这种取自动物的生活用品。但蛋奶素食主义者会食用蜂蜜、乳汁、乳酪、蛋等不会直接伤害动物的动物产品。

当小健遇到和他认知不符的蛋奶素食主义者时，他没有选择修正自己对素食主义者的认知，而是提出了一个更为纯净的标准，将纯素食主义者视作"真正的"素食主义者，这就犯了诉诸纯洁的谬误。

‖ 拓展 ‖

从根本上来说，诉诸纯洁是一种因为不恰当定义而造成的逻辑谬误。诉诸纯洁提出了一个虚假的一般化主张，即"真正的……"。但是实际上，"真正的……"并不是一个被普通人接受的定义，"真正的"这三个字只是当事人用来应对反例的工具而已。

在生活中，诉诸纯洁是极为常见的逻辑谬误。由于大众缺乏对诉诸纯洁的认知，所以诉诸纯洁谬误往往不会被反驳。

连续体谬误：就算拔掉所有的头发，这个人也不是秃头

"连续体谬误"最早由古希腊哲学家欧布里德提出，即认为由于无法精确定义某些关键概念，便觉得某些概念、论点是无用且无意义的，所以不应该区分这些概念。

例一

北欧神话：洛基的赌注。

诈骗大师洛基和一些矮人打赌输了，矮人们按照赌约要取走他的头。洛基玩了一个诡计，说矮人们只能取走他的头部，而不能动他的脖子。

接下来，洛基和矮人们开始争论哪些部位属于头部，哪些部位属于脖子。他们同意某些部位是头，某些部位是脖子，但是他们无法确定头和脖子的交界处到底在哪里。因此，洛基成功地保住了自己的头，避免它被矮人取走。

洛基的赌注之所以存在争议，是因为赌约中没有明确地指出头和脖子到底包括哪些部分，这就使得赌约存在模糊地带。为了避免这种情况出现，许多法律和合同会为概念下清楚的定义，以减少人们在理解上的争议。

例二

沙堆悖论。

当只有一粒沙时，它不算一个沙堆。当加上第二粒沙时，两粒沙也不能算一个沙堆。当我们继续加上第三粒沙后，三粒沙同样不算一个沙堆……以此类推，无论加上多少粒沙，都不算一个沙堆。

沙堆悖论认为，由于沙堆没有明确的界限，所以其实不存在沙堆。

尽管我们无法得出多少粒沙才是沙堆的界限，但我们依旧可以认知"沙堆"这个概念，"沙堆"这个概念依旧是有意义的。

例三

秃头悖论。

假设有一个人不是秃头，那么拔掉一根头发，这个人仍然不是秃头；再拔掉一根，他也不是秃头……以此类推，就算拔掉所有的头发，这个人也不是秃头。因此，"秃头"这个概念是没有意义的。

秃头悖论认为，由于无法确定秃头与非秃头的界限，所以"秃头"这个概念没有意义。

尽管我们无法确定到底有多少根头发才是秃头与非秃头的界限，但"秃头"这个概念依旧是有意义的。

‖ **拓展** ‖

如何界定"贫困"？

贫困这一概念始终伴随着人类社会的发展，但如果真要给出一个明确的、适用于所有人的对于贫困的界定，似乎又困难重重。如果认为月收入低于1000元的人属于贫困人群，那么月收入1001元的人算不算贫困人群？月收入1002元的人算不算贫困人群？如果不断类推下去，那月收入2000元的人算不算贫困人群？

贫困的定义问题和上面的对秃头和非秃头的界限判断问题很像——我们找不到一个非常清晰的界限去判断到底什么样的人才算贫困人群。而比界定什么是秃头更困难的是，对贫困的界定真的会影响人们的生活——在高福利国家，贫困线以下的人群可以获得足够的福利，而一些刚好处于贫困线之上的人，他们的生活虽然仍不算富裕，却无法获得足够的福利。

尽管贫困的界限很模糊，但贫困这个概念依旧有意义。界定是否贫困，依旧是一件非常重要的事情。只有对贫困人群进行合理界定，才可以度量一个地区的贫困程度，政府才可以据此制定对应的政策以缓解贫困，并不断评估贫困问题是否有所改善。

词源谬误：鲸鱼是鱼，因为它的名字里有"鱼"

"词源谬误"表现为针对词语的本源进行论证，进而错误地认为某个词语过去的意思放在现在同样适用。

例一

小健：你最近过得浑浑噩噩的。

小强：我哪里给了你这种感觉？

小健：你误会了。是这样的，"浑浑噩噩"在古代是一个褒义词。"浑浑"是"浑厚"的意思，"噩噩"是"严正"的意思，所以"浑浑噩噩"是说一个人浑厚严正，只是现代人曲解了这个词的意思。

在现代汉语里，"浑浑噩噩"一词用来形容一个人活得糊里糊涂的状态，但它在古代的含义并不被今人所熟知，因此小健不应该假设小强知道"浑浑噩噩"一词在古代时的含义。

例二

小健：鲸鱼是鱼。

小强：鲸鱼不是鱼，鲸鱼是一种哺乳动物。

小健：如果鲸鱼不是鱼，那为什么它的名字要叫"鲸鱼"呢？鲸鱼叫"鲸鱼"，而且"鲸"这个字是鱼字旁，所以鲸鱼肯定属于鱼类。

虽然鲸常常被称为"鲸鱼"，并且"鲸"这个字是鱼字旁，但鲸实际上是一种哺乳类动物。鲸之所以有"鲸鱼"这个称呼，只是因为它和鱼类在一定程度上有相似性。

即便从生物角度考证鲸的起源，也会发现鲸是由陆生哺乳动物逐渐演化而来的。因此，追究"鲸"这个字的偏旁，不能论证鲸是鱼。

例三

小健：在经济学里，沉没成本之所以不是成本，是因为沉没成本不能再收回了。

小强：我觉得沉没成本是成本。如果沉没成本不是成本，那为什么还要叫它沉没成本呢？

在经济学里，沉没成本不是成本，预期成本才是成本，之所以叫沉没成本，只是因为大众习惯于把沉没成本当作成本，但这并不意味着它就是成本。

‖ 拓展 ‖

从根本上说，词源谬误的问题就在于词义的改变——一个词语现在的含义和原始含义有较大出入，因此不应该将其作为讨论时的论据。

词义的变化是一个常见的现象，随着时间的推移，词语的含义可能改变，甚至可能与其初始含义相反。如果一个词语在今天已经有了另一个被普遍接受的词义，那么就应该以现在的为准。

从字眼上思考词语是一件很有意思的事情，比如"快乐"这个词中的"快"，似乎暗示了人生中的乐趣是难以持久的，这很有哲学意味。大家都说"人生不如意事十有八九"，但如果仅用"快乐"一词的字面含义论证人生中的欢乐是短暂的，就不够恰当了。

诉诸无知：你有证据吗

"诉诸无知"表现为因为某件事没有被证明是假的，所以认定它是真的；或者因为某件事没有被证明是真的，所以认定它是假的。简而言之，诉诸无知试图用"缺乏证据"来论证自己的观点——但"缺乏证据"不等于"证据不存在"。

例一

小健：宇宙里大概率有外星人。

小强：你有证据吗？根本没有证据证明外星人存在，可见根本就没有外星人。

人类依旧处于探索宇宙的阶段，虽然没有证据可以证明外星人存在，但也没有证据证明外星人不存在。

因此，小强的推断过程是不恰当的。"没有证据可以证明外星人存在"这一论据，只能得出"不确定外星人是否存在"

的结论，而不足以反驳小健。对于外星人存在与否，我们应该持开放态度。

例二

小健：吃水果容易发胖。

小强：你有证据吗？我认识的人里没有因为吃水果变胖的，所以吃水果根本不容易发胖。

小强犯了诉诸无知的谬误，试图用"认识的人里没有因为吃水果变胖的"来论证"吃水果不容易发胖"。小强从"认识的人里没有因为吃水果变胖的"，只能得出"吃水果可能不容易发胖"的结论。小强的论据不足以反驳小健的观点。

例三

罗素的茶壶。

1952年，罗素受委托写了一篇题为《上帝存在吗？》的文章，其中写道：许多有神论者认为无神论者需要证明教条错误，而不是有神论者需要证明教条正确。这种想法有问题。如果我提出有一个茶壶在地球和火星之间绕着太阳公转，那么只要我说这个茶壶太小，小到用我们最好的望远镜都看不到，就没有人能够证明我是错的。但如果我说,既然我的想法无法被证明有错,那大家就不能怀疑它,这就有问题了。然而,如果这样的茶壶被记载在古书中,被当作神圣的真理,并且被灌输给学校里的孩子们,那么怀疑茶壶就会被视为异端,引起精神病医生的关注,或是受到审判。

罗素写这篇文章的背景是,当时许多有神论者认为"因为无神论者不能证明神不存在,所以无神论者的观点是错误的"。

在神是否存在这一问题上,大多数人的答案都是"不知道"。"不知道神是否存在"并不能得出"神存在"或者"神不存在"的结论。因此,有神论者不应该用"无神论者无法证明神不存在"来攻击无神论的观点。

由于有神论者提出了特殊的主张,因此有神论者有证明自身观点的举证责任。

‖ 拓展 ‖

对于与"不知道"有关的论证,理性的思考是,如果有证据证明某件事是真的,那么应该相信这件事是真的;如果有证据证明某件事是假的,那么应该相信这件事是假的;如果没有证据证明某件事是真还是假，那么这件事的真假就存疑，不能对其真假下定论。

简而言之，"未经证实"是和"已证实无效"完全不同的概念，不足以作为反驳的理由。

对于那些难以确认真假的问题，应该由提出主张的人给出充足的证据。例如，"神是否存在"的问题，既然有神论者认为"神存在"，那么有神论者就有责任为自己的主张提供充足的证据。

举证责任的一个重要应用场景是司法审判。目前，大部分国家多遵守无罪推定原则——如果没有充足的证据证明被告有罪，那么就推定被告无罪。原告既然提出了被告有罪的特殊主张，那么就应该由原告来承担举证责任，并给出充足的证据。在原告缺乏证据的情况下，被告没有证明自身无罪的责任。

诉诸可能：只要我有可能考上北大，那就一定能

"诉诸可能"表现为当一件事可能为真时，就把"可能"当作"一定"。实际上，一件事情有可能是真的，并不代表它一定是真的。

例一

小强：我想学习艺术。

小健：学艺术的人不容易找到工作。你一定不要学艺术，会找不到工作的。

这个例子里，小健把"不容易找到工作"当作"一定找不到工作"。关于小强是否应学习艺术，需要综合各项因素进行思考，比如小强的天赋、热情，以及学习艺术所带来的预期收入等。

例二

小健：我想考北大！

小强：你确定吗？你现在的成绩离北大还很远呢。

小健：你觉得我没有可能上北大吗？

小强：也不能说没有可能……

小健：那就没问题了，你别说了。

在这段对话中，小健将"有可能"作为自己的论据，而没有其他论据，犯了诉诸可能的谬误。

在思考报考哪所大学时，我们不仅要考虑考上的可能，还要考虑没考上的可能，再权衡风险和收益。

‖ 拓展 ‖

不知为何，"墨菲定律"——任何可能出错的事情最终一定会出错——成了一个广受欢迎的概念，但坦白地说，墨菲定律存在以下几个问题：

1. 墨菲定律不应被称为"定律"。在科学上，定律是通过大量具体的客观事实、经验累积归纳而成的结论，"定律"比"假说"或"理论"听上去更权威。其他带有"定律"的词语，一般是"万有引力定律""电磁感应定律""欧姆定律""库仑定律"等已经被验证且不断被验证的假说，而墨菲定律在科学地位上和其他定律相去甚远，且并没有经过严格的科学验证。墨菲定律多用来描述生活中的一种主观体验。

2. 可能性不等于必然。即使在很长一段时间内，某件事情出错的概率有所增加，这与墨菲定律所说的"一定"还是存在差别。如果只因为某事很有可能发生，就认为它必定会发生，那么这就是一种诉诸可能的逻辑谬误。

3. 观察上的偏差。有的人之所以觉得可能出错的事情一定会出错，是因为没有出错的情况不容易给人留下深刻的印象。如某人认为如果自己出门不带伞就一定会下雨，这种心理之所以出现，可能是因为他只记住了那些出门没带伞且下雨的情况，而忘记了没带伞且未下雨的情况。

诉诸言论自由：这是我的言论自由

"诉诸言论自由"表现为当自己的观点被人反驳时，便声称"这是我的言论自由"！

"是否有言论自由"与"言论是否正确"无关。因此，声称自己有言论自由并不是用来论证自己观点正确的恰当方式。

例一

小强：××省的人特别没素质。

小健：你不应该因为个别人的行为而否定一群人。

小强：我就是讨厌那里的人，这是我的言论自由！

小强有表达观点的言论自由，但这并不意味着他的观点就是正确的。言论自由与小强的观点是否正确之间并无直接关系，因此也就不足以作为论证依据。

例二

小强：世界上所有的天鹅都是白色的。

小健：我见过黑色的天鹅，所以并不是所有的天鹅都是白色的。

小强：请尊重我说话的权利！

尽管这次小强在反驳时并没有直接提及"言论自由"，但其本质与前例相同。小强说话的权利需要被尊重，并不意味着他的观点就是正确的。

‖ 拓展 ‖

有的人之所以会犯诉诸言论自由的错误，是因为其误解了言论自由的含义。

言论自由是指人们可以按照自己的意愿表达意见，且事前不必受任何人的审查或同意，事后也不需要担心会遭到他人报复。

根据言论自由的含义，其他人提出反驳并不会损害说话人的言论自由，因为其他人既没有对说话人的言论进行审查，也没有对说话人进行行为上的报复，或者不让说话者说话，他们只是提出了自己的反驳意见而已。侵犯言论自由，一般指以暴力、胁迫等方式令人无法发表意见。

从另一个角度看，其他人提出批评也是他们的言论自由。

捆绑谬误：程序员一定很宅吧

"捆绑谬误"表现为，假定在一般情况下会一起出现的事物，就一定会永远一起出现。

例一

小强：你在名校读过书，一定可以找到很好的工作吧？

小健：不一定。

一般而言，名校毕业生更容易找到好工作，但也存在例外。如果小健所学专业平均薪资不高，或者经济处于下行周期，等等，那么小健即便是名校毕业生，也可能难以找到令他满意的工作。

例二

小强：你知道吗？住在我们隔壁的是一个程序员。

小健：哦，那他一定很宅吧。

小强：其实不是，我看他平时出门玩儿的时间还挺多的。

在这段对话中，小健就犯了捆包谬误。他基于邻居是程序员这一事实，错误地假定邻居也会有一些通常与程序员联系在一起的特征，比如宅。而小强纠正了小健的这种刻板印象。

‖ 拓展 ‖

捆包谬误反映了人们对他人或者事物的刻板印象。由于人们没有能力充分地了解所有个体，因此刻板印象常常无法被人们意识到。常见的刻板印象有"女生心思细腻""法国人很浪漫""亚洲人擅长数学""中国人都会功夫"，等等。

刻板印象的问题在于：1. 将对群体的印象套用到个人身上，这是不恰当的，个体之间往往存在比较大的差异；2. 刻板印象会让人无意识地套入刻板印象的标签之中，不自觉地向某种刻板印象趋同，例如"女生数学不好"这类刻板印象就会导致很多女生真的以为自己不擅长数学，并为此感到焦虑。

避免捆包谬误的方法是将"某些事物总是一起出现"的思维方式修正为"有些事物可能会一起出现"。

从众谬误：很多人都是这么做的

人类有相信多数人所相信的东西的倾向，这就是所谓的"从众心理"。而当我们对某一件事的好坏、对错、真假的判断，是根据多数人的判断所得出时，就是犯了"从众谬误"。

例一

小健：这首歌有那么多人听，那么它的艺术水准一定很高。

一首歌流行与否，与它的艺术水准其实没什么关系。对于音乐来说，其流行性与艺术水准有时反而呈现负相关的状态。对此，我们可以从以下几个角度思考：

1. 传播媒介的变化。现在许多音乐作品都是借助短视频传播，作品受制于视频时长，一般展示时间较短，这就要求音乐要有较强的节奏感，能更快速地吸引受众的注意力，但这会牺牲其艺术性。

2．追随流行的诱惑。流行音乐往往跟随当下的流行趋势，这类歌曲极易过时，被受众抛弃。

3．迎合受众的诱惑。一些富有深度的作品需要受众反复聆听，才能欣赏其中的美感，但流行音乐为了吸引听众，或许会选择让作品的结构更为简单直接。

例二

小健：男人都去了左边的厕所，所以左边的厕所是男厕所。

需要注意的是，这个例子不算从众谬误。如果很多男性都去了左边的厕所，那么在绝大多数情况下，左边的厕所就应该是男厕所。

大众不会在简单的问题上集体犯错，比如判断哪边是男厕所。因此，从众行为是否属于从众谬误，还需要具体问题具体分析。

‖ 拓展 ‖

从众心理是中性的

"从众"这个词虽听上去不积极，但不见得全是坏事，这个词本身并不包含消极的价值判断。

在生活中，从众是很常见的行为。比如，排队就是一个积极的从众行为。正是因为从众心理，人们才愿意排队，等待的过程才更加公平。再比如鼓掌，大部分人之所以鼓掌，是因为听到了别人的掌声，于是便跟着鼓掌。

虽然从众心理不一定是好事，但追求独特也不一定是好事。我们真正应该追求的，其实是正确。

从众心理的原因

人们之所以选择从众，主要有两个原因：

1. 从众可以让人尽快被群体接纳。这一点不难理解，我们通常会喜欢那些和自己相似的人，所以如果一个人表现得特立独行，那么极有可能被群体排斥。从众的人会被认为是"合群的"，不从众的人则被认为是"孤僻的"。

2. 从众可以帮助我们获得更多信息。我们可以通过观察别人的行为获得新的信息，从而反思自身决策的正确性。有一次，我在陌生的地方走错了厕所，差点就到女厕所里面去了。但最后我没有进去，因为我在厕所的门口看到了一个女生，这给我提供了信息——如果不是她走错到男厕所了，那就是我走错到女厕所了。于是我赶紧逃了出来，发现确实是自己走错了。

以偏概全：我爷爷天天喝酒，最后活了 100 多岁

"以偏概全"有两种表现形式，一种是从不具代表性的个例推导出一般性结论，另一种是从局部性质推导出整体性质。

从个例推出一般性结论

例一

记者在春运的火车上采访，以了解今年春运的形势，切入点在于车票是否紧张。

记者：这位乘客，您买到火车票了吗？

乘客A：买到了。

乘客B：买到了。

……

记者随机采访了车上的10余名乘客，得到的答复都是买到

票了。于是，记者高兴地说出了自己的结论："大家都买到票了。"

这就是典型的"幸存者偏差"的例子。"幸存者偏差"指观察者只看到经过筛选后的结果，而忽视了筛选的过程，最终得出了不恰当的结论。

如果记者在火车上进行采访，那么他就过滤掉了那些因为没有买到票而没能乘上火车的人。记者在火车上问乘客有没有买到票，只能获得"买到票"的片面回答。

例二

近塞上之人，有善术者，马无故亡而入胡，人皆吊之。其父曰："此何遽不为福乎？"居数月，其马将胡骏马而归。人皆贺之。其父曰："此何遽不能为祸乎？"家富良马，其子好骑，堕而折其髀，人皆吊之。其父曰："此何遽不为福乎？"居一年，胡人大入塞，丁壮者引弦而战，近塞之人，死者十九，此独以跛之故，父子相保。故福之为祸，祸之为福，化不可极，深不可测也。

——《淮南子·人间训》

这段内容的结论是"福和祸可以相互转化",但这里的推论方式属于将特例作为论据的以偏概全。在这个故事里,坏事接着好事,好事接着坏事。但在真实的世界里,坏事可能接着坏事,好事也可能接着好事。塞翁丢了马,这是一件确定的坏事,但其实没有人可以提前知道丢了马之后会发生什么事。

例三

小健爸爸:我爷爷天天喝酒,最后活了100多岁,所以喝酒是健康的。

虽然小健的曾祖父天天喝酒,并且活了100多岁,但是这只是个例。喝酒并且长寿的例子有很多,不喝酒且长寿的例子也很多,从逻辑学角度来说,小健爸爸的话无法论证喝酒是健康的。

如果要判断喝酒对健康的影响,我们需要使用科学的方法,对大量的群体进行调查。

将局部性质当作整体的性质

例一

小健:哎!真可惜,比赛输了。

小强：这支球队真是太差了，根本就不会踢球。

小强根据球队在一场比赛中的表现，推断整支球队的综合实力是低下的。这种推断忽视了球队在其他比赛中的出色表现或其他影响因素，如当天球员的状态、对手的实力等。

例二

小健：这个人长得这么可爱，一定是好人。

小健因为一个人长得可爱这个局部特质，而对这个人有着良好印象，进而认为这个人一定是好人。但长得可爱并不意味着一个人就是好人。

在心理学上，这种心理被称为"晕轮效应"，即人在对他人形成认知时，会先根据局部特质形成整体印象，然后从整体印象推出其他特质。如果我们对一个人的印象很好，那么我们往往会认为这个人各方面都很好；如果我们对一个人的印象很坏，那么我们往往会认为他在各方面都很坏。晕轮效应的典型例子就是认为形象较好的人在其他方面也会很优秀，就如同例子里小健觉得长相可爱的人一定是好人一样。

‖ 拓展 ‖

当以偏概全的表现是从特例推导出一般性结论时，问题就在于进行了不够全面的归纳推理。因此，为了得出更好的结论，我们需要从以下几个角度分析归纳的强度：

1. 样本的数量。样本的数量足够多吗？如果只基于几个例子就得出结论，那么这种结论很可能不具有一般性。

2. 样本的代表性。在选择样本时，有没有随机选择样本？是否错误地进行了选择性取样？

3. 要素的相关性。要素之间存在逻辑清楚的因果关系吗？会不会只是偶然，会不会是由其他因素导致的相关性？

诉诸谬误：你的逻辑有问题，结论一定是错的

"诉诸谬误"表现为认为如果论证过程犯了逻辑谬误，那么该论证的结论一定是错误的。

一段推理中即便存在逻辑谬误，那这段推理的结论依然有可能在阴差阳错之下是正确的。因此，当我们提出与对方相反的观点时，不能只指出对方有逻辑谬误，还需要对谬误进行进一步说明。

例一

小健：人不能只吃素，那样是不健康的，我有一个朋友就是只吃素以后身体开始变差的。

小强：你这是以偏概全，个例不足以论证只吃素对健康的影响，所以只吃素是健康的。

小强只是指出了小健观点中的论证错误，但并没有为自己的结论提供足够的论据。光指出小健的谬误，并不足以论证小强的观点。小强还需要提供更多论据，才能得出"只吃素是健康的"这一结论。

例二

小健：我的国家是说汉语的国家，所以我是中国人。

小强：世界上说汉语的国家又不只中国一个，还有新加坡、马来西亚等。所以，你的推理过程有问题，不能仅因为自己的国家是说汉语的国家，就推断自己是中国人。因此，我认为你不是中国人。

小强只是指出了小健论证里的错误之处，但小健在论证过程中的错误，并不足以得出小健不是中国人这一结论。因此，小强还需要提供更多的可以论证小健不是中国人的理由，才能得出小健不是中国人的结论。

‖ **拓展** ‖

诉诸谬误是一种因为使用了"不相关的论据"（即着眼于对方的论证过程是否存在谬误）而导致的逻辑错误，其结论的真实性与推理过程是否存在谬误没有必然联系。但这并不意味着我们不需要指出他人的推理错误，揭示逻辑错误是分析对方论证时的重要环节。但在揭示对方的谬误以后，我们应该做的事情是独立地评估结论的真实性，而不是简单地因为论证过程存在谬误，就认为对方的结论也是错误的。

归谬法：专治无理取闹之人

归谬法是一种常见的论证方法，经常出现在数学和日常争辩里。

归谬法有两种类型：一种是用反向推理推出自相矛盾的结果，数学上称其为"反证法"；另一种是用正向推理推出荒谬的结论。

例一

反向推理：证明"不存在世界上最大的数"。

假设"存在世界上最大的数"，我们叫它N。那么N加上1后，将会得到一个比N更大的数。这与"存在世界上最大的数"的假设相矛盾。

因此，"存在世界上最大的数"这一假设有误，即不存在世界上最大的数。

反证法在数学里很常见。先假设原命题不成立，以此作为前提，然后推导出矛盾的结果，从而下结论，认为原命题成立。

例二

正向推理。

小健：如果可怜之人必有可恨之处，那么刚出生就被杀死的婴儿难道也有可恨之处吗？

通过正向推理，我们便可以用一个谬误推出荒谬的结果。

反驳谬误的好方法

归谬法和逻辑类推是反驳谬误的好方式，其具体方法是这样的：先顺着对方的论证方式，推出一个明显荒谬的结论，然后据此指出对方推理方式存在的问题。

如果在日常对话中用逻辑学的术语指出对方的谬误，那么对方可能会难以理解。此时，我们可以使用归谬法和逻辑类推，让对方在缺乏逻辑学基础的情况下，也能理解自身观点存在的谬误。

例一

小健：你推荐的那道菜真难吃。

小强：你要求太高了，你做一道试试。

小健：难道只有厨师才能评价菜的好坏吗？

很多人认为，如果一个人要批评别人，那么他就需要拥有比被批评者更强的能力，否则就没有批评的资格。通过对逻辑谬误的学习，我们已经知道了这种对批评者的能力的攻击是不合理的——批评者的能力是批评者的个人特质，与批评者所批评的内容是否正确没有必然联系。

小健通过对错误的人身攻击逻辑进行逻辑类推，得出了一个荒谬的结论——如果批评者必须比被批评者能力更强，才有资格进行批评，那么只有厨师才有资格评价一道菜好不好吃。这个结论与我们的认知不符。一般来说，就算毫无厨艺的人，也可以直接评价菜好不好吃。因此，通过荒谬的结论，我们就可以发现人身攻击的推理过程是错误的。

例二

小健：美国是一个基督教国家，因为在美国，基督教是其主要宗教。

小强：我们能够因为美国白人居多，就说美国是一个白人国家吗？

在这个例子里，小强采用了相同的推理形式，其前提"美国白人居多"为真，结论"美国是一个白人国家"为假。因此，小健的论证推理过程存在问题。

非形式谬误的分类

非形式谬误的分类在学术界依旧存在争议，不同学者对此有不同的主张。但为了使内容更加系统，我还是对这一章中的谬误进行一个大致的分类。

言词谬误

言词谬误是语义问题导致的谬误。

一是语义的模糊问题。我在前面已经介绍了连续体谬误，其实模糊谬误还有其他类型。在"假精确谬误"里，谬误的表现是将估计的数当作精确的数来用。例如，人们说中华文明有5000年历史，这不是说中华文明的历史刚好是5000年，而是说中华文明的历史为5000多年。如果我们故意将其理解成精确的5000年，那就犯了假精确谬误。

在"具体化谬误"里，谬误的表现是将不具体的东西当作具体的东西来对待。例如，人们可以在文学作品里说"时间会治愈一切伤痛"，但不能用这句话来论证伤痛的程度，因为"时间"是一个抽象的度量概念，"时间"不是一位具体的治疗者。再如，人们可以在文学作品里说"大海生气了"，但不能用这句话来论证自然保护等问题，因为海水没有情绪。我们在进行推理和论证时，表达的精确性至关重要。

二是歧义问题。前面我们已经对断章取义、偷换概念等进行了介绍，其实歧义谬误还有其他类型。在"加重语气"谬误里，谬误的表现就是因为语气的不同而产生歧义。例如，"我要/喝口水"可以被断句成"我要喝/口水"。在"挪动门柱"这一类谬误里，谬误的表现是因为存在歧义而改变了达成目标的准则。例如，小健的妈妈告诉小健，只要小健考试考得好，就奖励小健一台平板电脑。在这种情况下，"考得好"可以被理解成很多档分数，小健的妈妈可以在之后声称"考得好"的标准很高，只有考满分才算考得好，并以此为借口不给小健奖励。

三是不恰当的定义问题。前面我们已经介绍了诉诸纯洁，其实定义谬误还有其他类型。在"定义谬误"里，谬误的表现是过度追求定义，通过追求定义来结束讨论。例如："在讨论'虐待动物'问题之前，请先定义什么是'虐待'。如果你不能定义什么是虐待，那么请不要讨论这个问题。"尽管在一般情况下，定义是可以改善讨论的工具，但是定义这个行为本身就是困难的。有时候，就算不能给出清楚的定义，也可以正常地讨论问题。

四是废话问题。废话谬误可以用互联网上的"废话文学"（虽然做出了表达，却没有任何有用的信息）理解。例如，"如果华佗再世，说明他没去世"，这些废话虽然本身是正确的，但是其内涵是空洞的，根本无益于讨论。

在非形式谬误里，除了言辞谬误，剩下的就属于实质谬误了。

不一致的谬误

如果论证中出现了自我矛盾的内容，那就属于不一致的谬误。

比如"自我矛盾"谬误，正如尽人皆知的关于矛盾的寓言："吾盾之坚，物莫能陷也。吾矛之利，于物无不陷也。"这句话就引起了自身的矛盾：如果盾可以抵挡所有攻击，矛可以刺穿所有物体，那么如果用这个矛去刺这个盾，最后会发生什么呢？

不相干的谬误

不相干的谬误可以分为两类。

第一类是论证的前提和结论没有关联,不管前提是真是假,都和结论的真假没有关系。例如,在诉诸人身、诉诸词源、诉诸情感中,所提及的人身特质、词语来源、情感,实际上和要得出的结论并没有关系。

第二类是论证和真正的主题没有关系。比如,稻草人谬误就是曲解对方的观点,然后攻击曲解后的观点,而这已经和真正的主题没有关系了。

不充分的谬误

在不充分的谬误里,前提和结论有点关系,但不足以支持结论。也就是说,就算前提是正确的,也不足以证明结论就是正确的。

常见的不充分的谬误有以偏概全、因果谬误等。一般来说,只要增加证据的可靠性和思维的严密性,就可以修正不充分的谬误。

不当预设的谬误

不当预设的谬误表现为将不应该视作理所当然的前提，视为理所当然。比如，循环论证将并非理所当然的论题用于支持论题自身；假两难推理把只有两种选择视为理所当然的前提，否定或忽视第三种可能的选择；诉诸自然认为，自然的东西理所当然就是好东西。

‖小结‖

逻辑谬误是那些看起来正确，实际上并不正确的论证。

在这一章里，我介绍了一些常见的非形式谬误，但谬误的具体表现远比它们复杂。我们可以根据谬误的类型对新出现的谬误进行分辨和分析，以加深对这些谬误的记忆。这样一来，即使面对前所未见的谬误类型，我们仍然可以迅速找出它的破绽。

首先，判断谬误是不是因为语义问题导致的。如果是，那么就属于言辞谬误；如果不是，就属于实质谬误。对于实质谬误，我们可以进一步进行判断：有没有自相矛盾的地方？讨论的内容和真正的论题有没有关联？论证过程足够严谨，足够支持结论吗？有没有把受人怀疑的观点视为论证的前提？

识别谬误的过程是培养严谨、细致的思维习惯的过程。通过识别谬误，我们可以避免被表面上的合理性迷惑。

第二章

如何避免成为"乌合之众"

　　批判性思维是思想独立的开端,也是信念的灯塔。
　　批判性思维不仅是一种思维方式,还是一种生活态度。它可以让我们打破思维的惯性,增加思考的深度,使我们更深入地理解世界,做出理性的决策。

什么是批判性思维

批判性思维（Critical thinking）指逻辑清晰、论证严密的反思性思维方式。"批判性思维"里的"批判"指的并不是"批评"，而是分析评断之意。由于"批判"一词容易产生歧义，因此有些人主张将其翻译为更为贴切的"明辨式思维"或"审辩式思维"。

不同学者对批判性思维有着不同的定义。在此，我想引用一位学者对批判性思维的解释：

"批判性思维"是进行"关于思考的思考"，目的是理清自己的思维方式，识别自己思维中存在的错误和偏见，以提高思维效率。批判性思维并不是冥思苦想，也不是为了直接解决问题。批判性思维是向内的，目的是让思考者的理性最大化。

在进行批判性思维时，相较于发现别人的错误，更重要的是发现自己的错误。发现别人的错误很简单，对别人进行批评也很有快感，但发现自己的错误很难。我们之所以总是不愿意直视自己的错误，是因为我们不想看到自己不完美的样子。

在这个信息爆炸的时代，每天都有无穷无尽的信息供我们浏览，仿佛人类几千年来积淀的智慧全都可以为我所用。

但巨大的信息量并没有让我们拨云见日。我们接收信息的效率有限，爆炸的信息量稀释了优质信息的密度，使得信息的有效获取变得困难。

在互联网上，人们对一个新闻事件的看法往往会因为新的信息的出现而产生"反转"，这样的例子数不胜数，一而再、再而三地发生。归根结底，这是因为人们仅凭借少量的信息就完成推论，而没有对自己的思考方式进行反思。

当我们在互联网上获取信息时，需要对信息的准确性加以考证。如果只会盲目地相信不加考证的信息，而缺少批判性思考，那么我们就很容易成为信息爆炸时代的受害者。

批判性思维是一种宝贵的能力，需要经过长时间的培养才能形成，并在实践中强化。在此，我希望大家都可以成为一个明智的思考者。

事实与价值：凡事要分清"是不是"与"喜不喜欢"

例一
今天是星期天。

这是一个事实判断，它是基于客观事实而得到的判断，一般可以通过一些简单的方法来检验判断的对错。例如，我们可以查看日历，如果今天是星期天，它就是对的；如果今天不是星期天，它就是错的。

例二
苹果是好吃的。

这是一个价值判断，它是基于主观感受而得到的判断，不同的人对此可能有不同的看法。例如，有人喜欢苹果，觉得苹果好吃；也有人不喜欢苹果，觉得苹果难吃，而这通常并无对错之分。

为什么我们需要区分事实判断和价值判断？因为人们在描述同一件事情时，常常会得出相反的结论。

如果一个人总喜欢待在家里不出门，我们可以说他"深居简出"，这是一个带有正面色彩的描述；我们也可以说他"只知道待在家里"，这是一个带有负面色彩的描述。

如果一个人经常输出负面情绪，我们可以说他"喜欢抱怨"，也可以说他"能真诚准确地表达自己的想法"。

如果一个人在乎细节，我们可以说他"连鸡毛蒜皮的小事也要斤斤计较"，也可以说他"注重细节"。

只有对事实判断和价值判断加以区分，我们才能分辨他人在用语言描述事物时所带有的偏见，还原事物的本来面貌。因此，当我们看到一个带有价值判断的词汇时，不妨先想一下：它到底在说什么？

现实里的委婉语

如果把拥有批判性思维当作我们的目标，那么首先要学会对语言进行分析，例如现在流行的委婉语。

委婉语即用温和的语言描述残酷的现实。

最近几年,我发现在现实生活中使用委婉语的现象明显比过去多了。其实这种语言现象一直存在——如果一个公司"破产"了,可以说它"重组"了;如果一个人的表现很糟糕,可以说他"有很大的提升空间"。

批判性思维可以帮助我们挖掘这些委婉语的真实含义。因此,每当听到一个新词的时候,我们不妨思考一下:这个新词能不能用已有的简单词汇进行表达?

情感中性语言

人们在日常表达时经常带有某种情感倾向,这导致语言中的价值判断总是多于事实判断。我们不仅要在他人讲话时警惕其是否传达价值判断,也要在自己表达时,尝试使用情感中性语言。

带有强烈情绪的语言更容易引起人们的共鸣,它们本身并没有什么问题,只是在某些场合下,我们的目标并不是被情绪感染,而是追求真理。此时,使用情感中性的语言可以进行更为恰当的表达。表达者只有克制自身的情感,使用情感中性语言,才能够冷静、客观地对事情进行分享。如果连对事物的描述都不客观，又怎么能确保对它们的推理是客观的？

在逻辑谬误里，有许多诉诸情感的谬误，许多人利用情绪化的表达来回避理性讨论，甚至扭曲事实、歪曲真相。

比如，要描述成绩好的学生，最好不用带有正面含义的"学霸"一词，也不要用带有负面含义的"书呆子"一词，而是使用中性的类似"成绩好的学生"来表达；要冷静地分析某支球队为什么能获胜，最好不用带有正面含义的"大获全胜""击溃"等词，也不要用带有负面含义的"侥幸战胜"一词，而是使用中性的"打败"来表达。

情感中性的语言可以帮助我们不被情绪引导，让我们能够更加准确、理性地理解信息，而不是在无意识中，仅根据情绪反应做出判断。

相关不等于因果：事情没你想得那么简单

在众多逻辑关系中，因果关系是最为复杂的一种。这使得人们很难准确判断因果关系的正确性，甚至因此导致生活中充斥大量的"因果谬误"。

在因果谬误中，有一种常见的错误是把"相关"当作"因果"。简单来说，如果两个因素存在因果关系，那么它们一定相关；但如果两个因素相关，它们并不一定就存在因果关系。

什么是相关？

相关是统计学上的一种概念，指两个或多个事物之间存在相互关联或相互影响的关系。

相关性可以是正向的，称作"正相关"，即当一个变量增加时，另一个变量也在增加。例如：

统计发现，随着冰激凌销量的增加，溺水人数急剧上升。

冰激凌的销量和溺水人数之间的关系是正相关。但从常理思考，冰激凌和溺水人数之间好像不存在因果关系。如果你觉得奇怪，那么不妨顺便思考一下，为什么冰激凌的销量会和溺水人数相关，之后我们会讨论这个问题。

同样，相关性也可以是反向的，称作"负相关"，即当一个变量增加时，另一个变量减少了。例如：

随着时间的流逝，盛着热水的杯子的温度变得越来越低。

什么是因果？

哲学家对因果的看法

因果是一个饱受争议的概念，各行各业的人对因果有着不同的解释。时至今日，因果的含义还在不断发展。

在历史上，许多哲学家都表达过自己对因果的看法。

亚里士多德提出了四因说，将事物变化的原因分为四大类——质料因（构成事物的材料）、形式因（决定事物是什么）、动力因（事物的构成动力）、目的因（事物所追求的目的）。亚里士多德关于因果的观点在后世受到了很多批评。

英国哲学家大卫·休谟则认为，我们对因果的理解是建立在经验之上的：人们在观察一件事时，紧接着发生了另一件事，于是便产生了因果关系的概念。但问题就在于人们对因果的认知来源只有经验，而这种对经验的归纳无法得出必然正确的因果。因此休谟认为，人不能真正地感知"因果"，可以被真正感知的只有"相关"。

用"反事实"解释因果

什么是"反事实"？反事实就是在脑海中想象一件事的相反情况，然后想象这个相反情况所导向的不同结果。

反事实是一种很常见的思考模式。比如，很多人喜欢对孩子说：

如果能够把玩的时间用来学习，那么……

这就是一种常见的反事实思考。在这个例子里，反事实就是想象"把时间用来玩"的反面——把时间用来学习。

如果反事实改变了结果，那么就可以认为这两个情况之间存在因果关系。例如：

如果我没有写这本书,那么你就看不到这本书,所以我写下这本书是你能看到这本书的原因之一。

如果你没有翻开这本书,那么你就不会看到这行字,所以你翻开这本书是你能看到这行字的原因之一。

反事实是一种可靠的因果推理方式。但反事实也是一种比较理想化的推理方式。虽然我们可以想象"如果把玩的时间用来学习"这个反事实,但并没有人真的知道"如果把玩的时间用来学习"结果会怎样——可能会更好,也可能会更糟。更何况,在现实世界中,我们是不能改变已经发生过的事情的。

这就是因果推理的基本问题——我们无法观察真正的反事实,也就无法直接观察因果关系。

因此在现实中,最理想的情况是我们可以设计出一个接近反事实的随机对照试验,通过控制其他变量模拟反事实的条件。比如,要研究"把玩的时间用来学习"的结果,那么就需要设置随机分配且心理状况相似的两组人,给予他们不同的娱乐时间和学习时间,然后观察他们之后的表现,收集数据并分析"把玩的时间用来学习"会带来什么样的结果。

因果谬误的类型

正确的因果推理是困难的,许多人难免会犯下因果谬误,我们可以将因果谬误分成三类。

第一类:纯属巧合
纯属巧合的两个变量之间并不相关,而只是看上去相关。

一般来说,纯属巧合会随着验证次数的增多而逐渐消失。但有时候,如果巧合的程度很夸张,就会导致验证次数越多,反而让纯属巧合看上去更像存在因果关系。

例一
吉卜力是日本极为知名的一家动画公司。2013年,日本流传着"吉卜力的诅咒"一说。据说,只要日本电视台播出吉卜力工作室出品的电影,美国股市就会下跌。

"吉卜力的诅咒"在2013年被媒体广泛报道,当时的媒体统计了近5年里吉卜力电影的播出日期,发现每当吉卜力电影上映,美国股市就大概率会下跌。"吉卜力的诅咒"让日本的股票交易员人心惶惶,很多交易员表示虽然他们平时不看吉卜力电影,但是他们需要检查吉卜力电影的播出时间表,以便进行风险对冲。

从常识的角度思考,一家动画公司的电影上映,一部动画电影影响到全球经济的概率微乎其微。它只是一个过去的巧合,现在已经不复存在了。

第二类:第三因素

有时,看上去是因素A的变化导致因素B变化,实际上是被忽略的因素C,同时导致了因素A、因素B的变化。

例一

随着冰激凌销量的增加,溺水人数急剧上升。据此推断,是冰激凌的销量增加导致溺水。

其实,"炎热"才是隐藏的第三因素——炎热同时导致了冰激凌销量的增加和溺水人数的上升,冰激凌的销量和溺水人数之间本身并不存在因果关系。

例二

一篇论文统计了巧克力消耗量和诺贝尔奖获奖人数,发现在巧克力消耗量大的国家，诺贝尔奖获奖人数也多，因此认为巧克力消耗量和诺贝尔奖获奖人数呈正相关。

据此，论文作者推测，巧克力中的黄酮醇可以提高认知能力，食用巧克力可以显著增加一个国家获得诺贝尔奖的人数，因此一个国家的居民的巧克力摄入量的增加，是其更容易获得诺贝尔奖的原因。

多吃巧克力真的可以显著提高一个国家的居民获得诺贝尔奖的概率吗？在这个例子里，第三因素其实是国家的富裕程度。相较于食用巧克力对一个人认知的改善，巧克力的价格较贵，只有富裕国家的居民才有钱购买更多巧克力，同时富裕国家也会投入更多教育资源，助力产生更多获奖者，这才是其获得诺贝尔奖的人数多的主要原因。也就是说，国家富裕使得其公民增加巧克力摄入量且诺贝尔奖获奖人数更多，而巧克力摄入量和诺贝尔奖获奖人数之间不一定存在明显的因果关系。诚然，许多研究证明巧克力确实可以改善人的认知能力，但它的作用并没有像论文中所推测的那么大。

第三类：逆向因果

事情的原因和结果往往相关，因此有的时候看上去是结果导致了原因。

逆向因果存在两种情况，一种情况是错用结果推出原因，另一种情况是存在双向的因果关系。

例一

在中世纪，欧洲人发现病人身上很少出现虱子，于是中世纪的欧洲人便相信虱子有益健康。因此，欧洲贵族在学习舞蹈的同时，还要学习处理虱子的礼仪。

这就是一个错用结果推出原因的例子。

直到20世纪初，法国细菌学家夏尔·尼科勒发现虱子竟然是疾病的传播者，欧洲这段推崇虱子的漫长历史才终结。因为这项重大发现，夏尔·尼科勒还被授予了1928年的诺贝尔生理学或医学奖。

中世纪的欧洲人认为，没有虱子是病人生病的原因，但实际上并不是没有虱子而导致生病，而是因为生病导致发烧，虱子又对人的体温极为敏感，所以体温升高会使虱子搬家，离开病人的身体，寻找下一个宿主。

例二

有暴力倾向的孩子更喜欢玩含有暴力内容的游戏,由此可见是暴力的内容让孩子产生暴力倾向。

如果没有随机对照试验提供的证据,我们就无法判断其中的因果关系。"有暴力倾向的孩子更喜欢玩有暴力内容的游戏"这个现象,可能存在双向因果关系。其中,一个方向的因果是暴力内容让孩子产生暴力倾向;另一个方向的因果是,有暴力倾向的孩子更喜欢玩暴力游戏。对此,我们需要进行严谨的随机对照试验,才能确定这两个方向的因果关系是否真实存在。

误导性真相：比谎言更可怕的是"真相陷阱"

部分真相往往具有误导性，它比谎言更可怕，也更难以辨别。

误导性真相是指一方为达到某种目的而利用的部分真相。误导性真相因其属于真相的一部分，所以不易被识破。辨别和分析误导性真相，可以帮助我们提高批判性思维能力。

自然语言的误导

例一

××牙膏广告语：超过80%的牙医推荐××牙膏。

我相信大部分看到这个广告的人，都会认为这个牙膏很好，因为有超过80%的牙医都推荐它。

那么事实如何呢？实际上，虽然确实有超过80%的牙医推荐这个牙膏，但牙医可以同时推荐多个牙膏品牌，这就意味着可能有多个品牌的牙膏被超过80%的牙医推荐过。因此，牙医的推荐并不能说明某个牙膏是最好的。这就是误导性真相的典型例子。

例二

矿泉水广告语：含人体所需矿物质。

在很多品牌的矿泉水广告里，经常有类似"含人体所需矿物质"这样的表述。我相信大部分人在看到这句话后都会认为：矿泉水是更健康的水，人可以靠喝矿泉水补充人体所需的矿物质。

那么事实如何呢？正如这些矿泉水广告所说，这些矿泉水确实含有矿物质，并且人体也确实需要某些矿物质来维持正常的生命活动。可实际上，矿泉水里的矿物质浓度非常低，几乎起不到为人体补充矿物质的作用。

在国家卫健委发布的《中国居民膳食营养素参考摄入量》里，成年人每天应摄入2000毫克钾、1500毫克钠。而在我平常喝的矿泉水的营养成分表上，写着每100毫升至少含有35微克钾、80微克钠。如果按照这个含量计算，一个人要想靠矿泉水补充每天所需矿物质，那么他一天得喝5000升左右矿泉水，这显然是荒谬的。

例三

在看视频时学习。

在学习时看视频。

"在看视频时学习"会让人觉得这个人很用功，而"在学习时看视频"会让人觉得这个人不好好学习，但其实两者描述的是同一件事。

人们常常通过对比形成判断，因此改变描述的顺序就可以调整人们的预期，进而影响人们的判断。

统计数据的误导

喜欢看数据是一件好事，但是数据经常会被人们错误地分析，尤其是数据之间因果关系的错误，使得结论充满迷惑性。

例一

据统计，男司机发生交通事故的总量是女司机的6倍以上。同时，男司机的人数是女司机的2.7倍。

如果光看这组数据的话，我们似乎会得出男司机在开车时比女司机更容易发生交通事故的结论。但这些数据没有考虑另一个重要的因素——驾驶时长。如果男性司机的驾驶时长远高于女性司机的驾驶时长，那么男性司机发生交通事故的概率自然更高。不过，相比容易统计的交通事故和人数，驾驶时长是一个难以统计的数据。因此，究竟哪个性别的司机更容易发生交通事故，还需要我们进一步研究后才能得出结论。

例二

1973年，加州大学伯克利分校研究生院被质疑存在性别歧视。因为数据显示，申请加州大学伯克利分校研究生院的男性被录取的比例，远高于女性被录取的比例。

性别	申请人数	录取率
男性	8,442	44%
女性	4,321	35%
合计	12,763	41%

研究生院录取数据1

当你看到这组数据时,是否也认为这所大学在招生时存在性别歧视?那么请你先花一些时间思考这个问题,在你心里已经有一个答案以后,再阅读后面的内容。

现在,你获得了一些新的数据。新表格反映的是研究生院里规模最大的6个系,即A、B、C、D、E、F 6个系的招生情况。在这个新表格里,男性的总体录取率还是远高于女性。但奇怪的是,在这6个系中,A、B、D、F这4个系的女性录取率都更高,男性的录取率其实只在C、E两个系里存在微弱优势。

院系	男性申请人数	男性录取率	女性申请人数	女性录取率	总申请人数	总录取率
A	825	62%	108	82%	933	64%
B	560	63%	25	68%	585	63%
C	325	37%	593	34%	918	35%
D	417	33%	375	35%	792	34%
E	191	28%	393	24%	584	25%
F	373	6%	341	7%	714	6%
合计	2691	45%	1835	30%	4526	39%

研究生院录取数据2

请你再花一些时间研究这组新的数据,并思考这个问题:为什么从微观角度看时,女性在大部分系的表现是有优势的,但是从宏观角度看时就像被严重歧视了?

正如新的数据所展现的,女性在各个系里都没有受到明显的歧视。之所以从宏观上看,女性像是受到歧视了,是因为申请A系(录取率高)的女性人数少,但申请C、E系(录取率低)的女性人数比男性多很多。简单地说,女性的总录取率之所以低,是因为女性在选择系别时总体比男性更有偏向性,但在录取上女性并没有受到明显歧视。

这个例子是"辛普森悖论"的典型例子。辛普森悖论是统计中的一种现象,意为某种趋势分别出现在几组数据中,但当这些数据被合并后,趋势反而反转了。

辛普森悖论提醒我们,如果不能深入了解数据背后的真实关系,就很容易产生误解。因此,我们在进行道德批评时,就需要保持谨慎,反思自己的评论是否真的合理。

认知偏差：不要轻易相信你自己

人的生命是有限的，对个体来说，完整地认知世界是不可能的。因此，存在于我们脑内的现实世界实际上只是一个被简化的、带有偏差的假想世界。

我们的假想世界里存在很多不理性的思维模式，这被称为认知偏差，而这些认知偏差几乎会出现在所有人身上。

认知偏差和逻辑谬误密切相关，一些逻辑谬误就是由认知偏差造成的。批判性思维鼓励人们发现自己的错误，了解并且承认认知偏差的存在，这可以帮助一个人意识到自己的局限性，以便时刻反思自身的认知，从而做出更加客观准确的判断。

在此，我会介绍一些典型的认知偏差，同时揭示人类思维系统的局限性。

值得一提的是，并不是所有类型的认知偏差对人来说都是坏事。尽管认知偏差让我们无法形成对世界的正确认知，但某些类型的认知偏差会给人带来愉悦的感受。

锚定效应

你如果了解一些经济学相关的知识,那么可能知道这个著名的锚定效应——人在进行决策时,会过度偏重先前取得的信息。

许多商家都会利用锚定效应制订策略。例如,如果某个商品很贵,那么商家就会在这个商品边上放一个更贵的商品。顾客习惯通过比较来判断商品的性价比,因此当顾客仔细研究了更贵的那个商品以后,更贵的商品便在顾客心中建立了锚点;相较之下,顾客便不会觉得原先的商品贵了。

还有一个利用锚定效应的策略——打折。近几年,电商在各大购物节时销售的大部分商品,其销售价格并不是全年最低价,有些商家为了让自己的商品显得便宜,都会先调高商品的价格,在消费者的心中设立一个高的锚点,然后再打折,让消费者误以为此时商品更便宜。

锚定效应产生的原因如下:

1. 简化信息。锚点可以帮助我们进行对比,通过比较判断优劣,让后续的思维更简单。

2. 首因效应。人往往会对最开始接触的信息印象深刻,因此锚点会给人留下深刻的印象。

人类中心主义

人类中心主义表现为当我们在思考非人类的生物时，很可能会用人类的特点解释其他生物的行为。这种以人类为中心的认知偏差，使得许多关于动物的谣言广为流传。其中最著名的当数"乌鸦反哺"。许多人认为乌鸦之所以反哺，是因为乌鸦很孝顺，通过反哺来回报父母的养育之恩。但这完全是一个误解。乌鸦是群居动物，所以会在食物充足的情况下把多余的食物分享给同类，这只是一种分享，和养育之恩没有关系。

还有一个很有名的词语，叫"鸵鸟心态"。"鸵鸟心态"一词的起源是：人们发现鸵鸟会把头埋进沙子里，于是便认为鸵鸟是在逃避现实。但和乌鸦反哺一样，这也是彻彻底底的误解。鸵鸟是一种移动速度非常快的动物，当遇到危险时，鸵鸟其实完全不需要躲起来，只要拔腿跑就行。

确认偏差

"确认偏差"意为人会挑选与自己的观点相符合的证据，而忽视对立证据，以证实自己的观点。

确认偏差非常常见。比如，在社交媒体上，有些人只关注那些发布内容与自己观点一致的账号，又因为持续接触与自己一致的观点，导致自己原有的信念被不断地强化。再比如，在科学研究中，研究者可能希望自己的假说得到证实，因此只关注那些支持自己假说的证据，而忽视与自己的假说相矛盾的证据。

知识的诅咒

"知识的诅咒"，又称"专家盲点"。它的意思是，当一个人与其他人进行交流时，会下意识地假定对方拥有足够的背景知识，能够理解自己的观点。通常来说，拥有更多的知识是一件好事。但在与他人交流时，水平越高的人越容易忽略那些基础的内容，所以丰富的知识反而对交流产生了负面的影响，像是被知识诅咒了一般。

然而，容易被忽略的常识往往至关重要——它是理解的基石。知识水平高的人容易忽略常识，误以为对方也知道常识，这就是为什么有的时候专业水平过高的人士反而做不好教学工作。

"知识的诅咒"在实验中得到了证实。在一个实验里，一组受试者被要求用钢琴弹出一首歌曲的旋律，另一组受试者则被要求说出该旋律的名称。敲击者在估计有多少人能辨识自己所敲击的歌曲时，通常会高估，这是因为敲击者本人对自己所敲的歌曲非常熟悉，"知识的诅咒"导致他们往往认为其他人也可以轻松地听出自己所敲的歌。

后见之明偏差

后见之明俗称"事后诸葛亮"。当人们知道某件事情的结果时，就会夸大自己原先对这一事件的预测。用通俗的话来说，就是人们常常喜欢在知道某件事情的结果后说"我就知道"或者"我早知道了"。

我的父母热衷于炒股，他们买错股票时总喜欢说的一句话是："我之前就知道应该买另一只股票了，可惜没有下定决心。"我父母真的之前就知道应该买另一只股票吗？他们是这么认为的，但我并不相信。第一，我观察到他们频繁地说"早就知道应该买另一只股票"，这种事情如果只出现一两次还可以理解，也可能真的是我父母的失误，可如果频繁出现，那就说明我的父母本来就不知道到底应该买哪一只股票。第二，他们并没有从股票里赚到钱，如果他们早就知道哪只股票会涨，那么他们早就发财了。

后见之明偏差存在一个明显的特点，就是它容易被负面结果激发。让我的父母产生后见之明偏差的就是负面的结果——亏钱了。结果越是负面，人就越是懊悔，心中的后见之明偏差就越是严重。当我的父母偶然从股票里赚到钱时，他们是不会有后见之明偏差的，也不会像亏钱时一样，觉得过去的自己判断得很正确。

后见之明偏差之所以产生，主要有两个原因：

1. 记忆改变。人们得知结果时的惊讶使得记忆发生了扭曲。
2. 摆脱责任。觉得过去的自己有着良好的判断力，这是一种积极的思维。

公正世界偏差

"公正世界偏差"指人们相信世界是公正的。如果一个人相信世界是公正的，那么他就会认为"善有善报、恶有恶报"，进而认为好人不会有恶报，有恶报的不会是好人。

因此，相信世界是公正的人，更容易指责受害者。比如，他们会指责强奸案的受害人是因为不够小心或者着装过于暴露，才会被别人盯上，从而忽视加害者的罪行。再比如，他们会指责贫困群体，认为贫困群体的贫困是其自身不够勤劳、不够努力所造成的，而不考虑外部因素对贫困人群的影响。

规划谬误

"规划谬误"指人们容易低估完成一件事所需要的时间和成本，以及完成此事的风险。因为在我们做事情的过程中，真实情况往往比我们想象的要更为复杂，且总会出现一些未曾设想到的问题。

当我还是学生时，经常会出现写不完作业的情况。尤其是在寒暑假这样的漫长假期，直到快开学了，我还觉得时间来得及，认为作业只需要一两天就可以全部写完。但这对我来说是不可能的，因为我只要连续写一个小时的作业就会感到疲劳，然后停下笔。

不仅如此，我在看书时也常犯规划谬误。我总是觉得自己花一周时间就能读完一本新买的书，结果是我经常断断续续地花几个月时间才能读完。

规划谬误已经被许多实验证实。比如，在1994年的一项研究里，一群大学生被要求预估自己完成毕业论文所需的时间。他们平均预估自己需要花33.9天写完毕业论文，而在"糟糕的情况下"，则需要花48.6天完成。然而，等到他们最终完成论文时，实际耗费的平均天数是55.5天——只有约30%的学生在自己预估的时间内完成了论文。

在现实世界里，规划谬误还影响着人们对工程成本的预估。许多工程实际上耗费的资金，远高于规划时的数目。比如悉尼歌剧院，其最初的建造预算约700万澳元；等到完工时，实际上花了1.02亿澳元。

想要准确地预估完成某件事情所需要的时间，最好的方法是参考类似的事情。学生时期的我要预估自己写作业所需的时间，与其在脑子里一顿空想，不如参考一下自己过去写作业到底花了多少时间。如果我在以前的假期没写完过作业，那么这次在速度和用时上保持老样子的话，我大概率还是写不完。

如果没有类似的事情可以用来参考，那么就尽早开始做吧——毕竟，真实的情况往往比最坏的预估还要糟糕。

达克效应

"达克效应"是一种类似于井底之蛙的认知偏差，即能力欠缺的人总有一种虚幻的自我优越感，错误地认为自己比真实情况中的自己更加优秀。

达克效应提醒我们，越是能力不足的人，越难意识到自己的真实能力。拿我自己来说，我日常有写作的习惯，会记录自己生活中的一些想法。但在刚开始写作时，我并没有觉得自己写得不好。只是当我以现在的标准重新阅读过去所写的文字时，才发觉以前的自己幼稚得不行。现在的我，由于在思维上有了更强的能力，所以能够看出自己过去的不足，而这是过去的我无法意识到的。

达克效应产生的原因如下：

1. 认知能力。当一个人能力不足时，也就没有能力意识到自己的能力不足。

2. 优于平均效应。如果让人们对比自己的水平和平均水平，那么人们通常认为自己的水平比平均水平略好。优于平均效应可以在一定程度上解释达克效应，因为人们对自己的水平估计往往略高于平均水平，因此水平越差的人对自己的高估程度越高，而高水平的人对自己水平的估计偏差就不是很大。

基本归因谬误

"基本归因谬误"指人们在评估他人的行为时，总是倾向于低估外部因素（背景、情境）的影响，而高估内部因素（性格、品质）的影响。

前面提过的"穷人之所以穷,是因为自己不够努力"的例子,就属于基本归因谬误。也许"不够努力"真的是穷人穷的原因之一,但外部因素同样是不能忽视的,因为糟糕的外部环境会制造穷人。比如,某些干旱地区的水资源极度匮乏,会导致当地居民欠缺生活用水保障并且难以开展基本农业生产活动,最终因粮食短缺和经济发展受限而陷入贫穷困境。

基本归因谬误产生的原因如下:

1. 公正世界偏差。如果一个人认为世界是公正的,那么这个人就更容易认为处境不好的人是因为自身的原因才会处境不好。

2. 观察的视角。当我们站在自己的角度分析原因时,自身不是焦点,我们看不到自己;当我们分析其他人的原因时,他人是焦点,所以我们能看到他人。

基本归因谬误告诉我们,我们总是容易忽视外部因素对人的影响。因此,如果想明智地做出判断,我们就需要更多地了解他人的处境,而不是武断地认为他人所遇到的问题都是其自身造成的。

玫瑰色回忆

"玫瑰色回忆"指人们倾向于美化过去的记忆,觉得过去的日子比当下的日子更好。

玫瑰色回忆解释了为什么会有老师对学生说"你们是我带过的最差的一届学生",为什么人们倾向于认为童年很美好,为什么英语里有一个表达叫"Good old days(过去的好时光)",为什么有些人会经常怀念学生时代……但过去未必真的如我们回忆中那般美好。我们在回忆过去时,往往不会回忆那些无聊的事情,而只会回忆其中美好的片段。因此,人们想象中的过去往往要比实际的过去更加美好。

玫瑰色回忆用实验即可证明——我们只需要在不同的时间询问受试者对某件事情的看法,就可以判断玫瑰色回忆是否属实了。比如,在某一实验中,研究人员分别在假期开始之前、假期期间、假期之后询问三组人对假期的看法。总体来说,大多数人在假期开始之前对假期有着较高的预期,在假期期间对假期感到轻微失望,但是在假期结束之后又会觉得假期还不错。结果表明,被试者在假期之后对假期的评价,往往比假期期间对假期的评价更高。

尽管玫瑰色回忆是一种认知偏差,但它却可以提高人的幸福感。

错误共识效应

"错误共识效应"指人们倾向于把自己的思维方式投射到他人身上,并假设所有人均以同一种方式进行思考。

我本人经常在网络上发表观点,因此我对错误共识效应深有感触。我经常觉得大家会赞同我的论证方式,觉得我的观点会被主流人群所接受,但事实并非如此。

和很多认知偏差一样,错误共识效应也有好处——让一个人的自尊心获得满足。人是社会性动物,渴望被社会接纳,所以人往往会觉得群体里每个人的想法都是差不多的,因此自己的观点自然也会被群体认可。

错误共识效应的一个典型表现是"推己及人"——根据自己的观点推测别人的观点。如果让一个学生判断其他同学是否经常拖延完成作业,那么他对其他同学拖延频率的判断会和自己的拖延频率正相关——如果自己经常拖延,就会认为其他人也经常拖延。

错误共识效应启发我们需要更多地了解其他人的观点,否则很容易以自我为中心,过度相信自己的观点。

沉没成本谬误

"沉没成本"指已经发生且不可收回的成本。和沉没成本相对的是"预期成本",即还没有消耗的、可以避免的成本。尽管沉没成本也被称为成本,但其实只有预期成本才是真正的成本。由于沉没成本是无法挽回的,因此理性决策不应该考虑沉没成本,而应该比较预期成本和回报。

在现实生活中,一个人如果没有接触过沉没成本这个概念,那么他很可能会陷入把沉没成本当作成本的误区,这就是沉没成本谬误。假如某购物平台给了我10元优惠券,使用条件是我需要邀请一定人数注册会员。此时,我就会考虑自己的沉没成本,我可能会因为不想损失已经获得的10元优惠券,而去试图邀请更多的人注册会员。但如果从理性的角度思考,这10元优惠券其实不应该在我的考虑范围内——我真正需要比较的是预期成本,即邀请别人注册需要花费的精力。邀请别人注册会员需要花费的精力是巨大的,可能远大于我从中获得的收益,因此我的最佳选择是无视这次优惠活动。

人之所以很难用理性的方式看待沉没成本,是因为人的损失厌恶心理。

为什么购物平台要故意给你10元优惠券,然后让你去邀请别人注册会员？它们正是利用了这种被称为"损失厌恶"的心理。损失厌恶心理揭示出，当人在面对同样金额的损失和获利时，损失对人的心理冲击更大。有学者做过研究，结果显示面对同样的价值变化，损失带来的负面心理影响差不多是获利带来的正面心理影响的2.5倍。

损失厌恶心理产生的原因如下：

1. 损失比获利的影响更大。对一个生活费只剩100元的人而言，再多得到100元并不会对他的生活有太大的影响；但损失这100元却能让他吃不上饭。简而言之，财富的边际效用递减明显——当财富积累到基本需求以上时，每新增一单位财富带来的满足感越来越小，但每损失一单位财富造成的痛苦始终显著。

2. 心理所有权。人倾向于认为自己所拥有的东西比自己尚未拥有的东西价值更高，因此损失所引起的心理变化也比获利更大。

3. 害怕承认错误。在已经付出代价的情况下中止，就意味着存在确定的浪费，相当于承认自己的错误，这就带来了认知和行为之间的矛盾，也就是认知失调。我们会在后面章节详细介绍认知失调。

如果你发现自己也存在损失厌恶心理，特别在乎已经无法挽回的沉没成本，那么请你尽量用自己的理性控制这种心理，不要让已经过去的事情影响你的未来。

回声室效应：那些正在"吃掉"你大脑的信息

"回声室效应"也叫"同温层效应"或"信息茧房"，是指在封闭的环境中，人们因为反复听到相似的、单一的观点，而选择相信这就是真相。批判性思维鼓励我们主动获取多样化的信息，避免信息的单一化，从而降低回声室效应的影响。

互联网的回声室效应

随着互联网的发展，回声室效应的严重程度更胜从前，这主要有三个方面原因。

个性化推荐

目前，许多手机应用程序和网站的开发者会使用人工智能算法，然后根据用户的行为和偏好来推荐内容。虽然个性化推荐能为用户提供更多令其感兴趣的信息，但这也加剧了回声室效应。由于不断接触与自己观点一致的信息，用户最终可能变得更为偏执。

封闭的平台

现在的互联网平台经常会屏蔽非本平台的链接，以谋取自身利益最大化。

平台的封闭使得互联网不再是各式各样的人的聚集地，而形成了一座座孤岛。上网的时候，我经常发现对于同一件事情，不同的互联网平台有着不同的意见。在知乎，可能是一边倒地支持；在哔哩哔哩，则可能是一边倒地反对；而且双方的用户都坚信自己才是正确的一方。这说明不同的平台会吸引观点和价值观不同的用户群体，这有助于人们在同类人中找到共鸣，但同时也限制了不同观点的交流和碰撞，导致观点日趋单一。

说话者的比例

在现实生活中，有一些无法被无视的人际关系，如有血缘关系的家人、住在同一楼层的邻居、坐在同一个班级里的同学……因为这些人是我们无法选择的，所以我们会被动地对他们的观点有一个大致的了解。

但在网络上，人会主动或被动地过滤内容。而且大部分人是沉默的，不会在网络上耗费时间进行表达。对于一篇文章，可能只有很少的人会选择在阅读后留言。在这些留言里，只有少数的留言会被看到。我们在网络上看到的内容和言论只是少数人生产出来的内容，因此我们需要意识到大多数人是沉默的，而且网络上所展示的热门观点并不一定客观，这些观点往往因为情绪化而获得大量点赞。可是，真实的观点广场，其实要比我们看到的更广阔。

学会容纳对立的观点

有些人的头脑中只能容下一种观点，而且他们没有思考过对立观点的合理性，也不想听对立的观点。但我还是相信，一流的头脑可以容纳对立的观点。

人之所以难以接受多元观点，有一个深层次的因素——认知失调。认知失调理论由社会心理学家利昂·费斯廷格提出。这个理论的基本主张是：人类有避免认知不一致的倾向，而认知不一致可以是认知与认知不一致、认知与行为不一致、行为与行为不一致。人类会通过调整自己的认知和行为来让自己避免认知不一致的问题。比如，你花钱买下了这本书，那么你就会产生"这本书应该读"的认知，觉得自己得把书看完。相反，如果你在买了书以后觉得这本书很差，那么你就会产生认知失调——自己为什么要买这本书呢？这种矛盾的感觉会让你觉得不舒服，而相信自己头脑精明、办事妥帖，会让人觉得舒服。

一流的头脑之所以可以容纳不同的观点，是因为一流的头脑可以为了接近真理而抗衡认知失调带来的心理不适感。在心里坚信一个答案固然会让自己觉得舒坦，但既有的观点不一定全面，对立的观点也许有可取之处。因此，一颗开放的、愿意去思考对立观点的头脑才是一流的头脑。

学会提问:你会问,对方才会说

提问不仅是批判性思维的表现形式之一,也是其发展和深化的重要途径。

我是一个内容创作者,经常收到来自观众和读者的一些提问。在看了他们的提问以后,我发现不少人其实都不知道该怎么提出好的问题。

所以说,学会提问是一个人重要的能力。在我写这本书的时候,人工智能对话工具的使用已经很普遍。因此,如果你能够提出好问题,那么就算不去问专业人士,仅是利用人工智能对话工具,也能够获得较为满意的答案。

学会提问需要做的事

进行基本的研究

在向他人提问之前,我们不妨先花费1分钟的时间,用搜索引擎快速查一下。如果我们的问题对推理能力没有什么要求，也不是需要置身事内才能回答的问题，那么与询问他人相比，搜索引擎很可能会为我们带来更详细的回答。

此外，自己先行研究可能会改变对问题的看法，从而提出更有深度的问题。

向陌生人自我介绍

如果提问对象是像我这样的陌生人，那么你需要先进行一个简短的自我介绍，才能让陌生人了解你，从而给出更适合你的回答。此外，自我介绍还可以让对方知道自己所面对的是一个活生生的人。如果我对你的了解仅限于一串用户编号，那么我可能压根儿就不想回答你的问题。

提供背景信息

提供一些背景信息，而非孤立地提出问题，否则对方难以判断你需要什么样的回答。背景信息能够帮助对方理解提问者的具体情境，从而提供更好的解决方案。

例一

小强：我妹妹马上要读大学了，她应该学什么专业呢？

一个人应该学什么专业取决于很多因素，例如个人的兴趣与擅长的领域以及家庭条件等。小强没有提供任何具体的背景信息，所以这不是一个好的问题。

针对性提问

问题不要太过宽泛，要尽量具有针对性。针对性提问可以使对方集中精力回答核心问题，并给出精准的答案。

例一

小强：我要怎么做，才能变得更健康？

健康的概念非常广泛，小强如果可以指出想要获得哪个领域的建议，就可以获得更准确的回答。

例如，小强可以这么问："我目前的BMI（体重指数）超过了正常范围，我应该怎么做，才能够降低自己的体重？"

避免问题中的不当预设

许多人提出的问题中带有不恰当的预设，即预设了某个带有争议或是明显错误的前提。

网络上流行一句话，"先问是不是，再问为什么"。这句话的意思是，在进行提问之前，提问者应该先花时间判断一下问题里的预设是不是大家都认同的。

如果不对问题里的预设进行检查，人很容易陷入"确认偏差"，通过问带有诱导性的问题，来强化自己的既有观点。

例一

小强：女孩子什么时候能不乱发脾气？

小强问题中的预设观点是：女孩子经常乱发脾气，这就是一个明显错误的观点，因为没有任何证据显示女性经常乱发脾气。

信息素养：谁掌握信息，谁占据优势

对于个人而言，纵使拥有好的思维能力，有时候也难以在缺乏优质信息的情况下进行深度思考。因此，学会获取和分辨信息应该成为一个人必备的能力。

批判性思维和信息素养是相辅相成的，只有具备良好的信息素养，我们才能获取更多可靠的信息，为批判性思维提供足够的信息支撑。同时，批判性思维又使我们能够更快速地评估信息的价值，从而提升信息素养。

学会鉴别信息

今天，互联网为我们提供了海量的信息，使得信息的获取比过去任何一个时代都更容易。但在获取信息的同时，我们还要有辨别信息好坏的能力。在互联网上散布错误信息的行为往往并不会受到对应的惩罚，故而网络上存在大量错误信息，甚至那些被无数人信以为真的信息也很可能是错误的。想要确认信息的真假并不容易，面对海量的信息，我总结出了一些可以大致判断信息可靠程度的方法。

不过，我们只能通过这些方法来判断信息可靠的程度，而非对错。如果只因为信息的可靠程度低就认为它是错误的，那么这也是某种逻辑谬误的表现。我之所以要介绍判断信息可靠程度的技巧，是因为这可以帮我们节省时间，毕竟对普通信息的真假进行逐一核查，时间成本太高了。

从独立思考开始

被许多人相信的信息未必就是正确的信息。从众心理会让人很容易相信显眼的信息——既然有很多人相信，想必这个信息就是对的——但实际上，别人也是这样想的，别人一样在从众。独立思考和保持怀疑可以让你不至于盲目地做出判断。

分析信息来源

当我们看到一条信息时，首先需要思考它的来源。在传播过程中，信息会因为人的一层层转述而逐渐扭曲，偏离真实。因此，越接近传播源的信息越可能是真实的。在判断信息来源时，有三个角度。

第一个角度是写作手法。我们可以通过写作手法知道作者是否心虚。有一篇虚假文章的标题是"经济学家:谁家还没有50万元的存款呢"。这是一篇没有来源的文章,我们并不知道这篇文章中所谓的经济学家到底指谁,也不知道这位经济学家是在什么场景下、在什么时候说了这句话,因此我们有理由认为这篇文章是存在问题的。而如果在文章中指名道姓,将标题取为"经济学家×××:谁家还没有50万元的存款呢",那么我们就可以认为文章具有较高可信度。

第二个角度是参考资料。是否标注信息的参考资料是判断信息可靠程度的重要标准。如果标注了参考资料,读者就可以根据标注的参考资料验证真假。

第三个角度是信息被转手的次数。例如,我们经常从某个人那里"听说"某一件事,而这个人也是从其他人那里"听说"这件事情的。信息在转述时很容易被曲解,因此这种信息很不可靠。

识别利益相关

如果某条信息的来源和它的内容利益相关,那么这条信息就是不可靠信息。

常见的利益相关情况是:作者收取了一定的费用,这时作者的写作动机是为品牌提供服务，也就是帮品牌写广告。既然已经拿了钱，那么作者在表达自由上自然受到限制，不能说品牌坏话，否则就会失去这笔生意。

广告有两种形式：一种是"硬广"，硬广在形式上和普通的内容完全不同，可以被读者迅速辨识出来；另一种是"软广"，软广是作者借助某种隐蔽的方式让读者对品牌产生好感的软性广告。

考察专业背景

如果提供信息的人是相关专业的人士，那么信息就更可靠。

专业背景对信息的可信度影响很大，因为一个人在特定领域的知识和经验决定了其所提供信息的质量。例如，医生在健康方面给出的建议往往比普通人可靠。

因为专业背景对信息可靠程度有巨大影响，所以需要注意信息是否真的得到了专业认可。一般来说，出现在正规学术期刊，如《自然》《科学》《柳叶刀》上的文章可信度会更高。

小心情绪化信息

如果一条信息会让人情绪化，那么这条信息就是不可靠的。情绪化的信息之所以不可靠，是因为它往往基于个人主观感受，缺乏客观事实的支持和理性的分析，容易带有偏见。此外，大众的偏见会催生与偏见相对应的虚假信息。比如，嘲笑专家的新闻，很多媒体知道大众喜欢看专家闹笑话，于是刻意编造专家言论取悦大众。这种假新闻的内容往往显得专家很离谱，能激起公众的愤怒情绪，因而很容易被广泛传播。但实际上，专家可能根本没有说过那样的话。

日常的信息积累

如果你有日常学习的习惯或者需求，那么我的建议是，相比在互联网上获取信息，阅读常识类书籍是更好的选择，主要原因如下。

常识是最重要的，也是许多人最缺乏的，而常识的缺失会严重阻碍我们深入思考问题。比如，我们经常可以见到GDP（国内生产总值）这个词，似乎所有人都知道GDP，但是如果我们忽然随机地去问一个人："GDP是什么意思？是怎么计算的？"那么大概只有少数人可以给出正确的答案。

学习常识的效率是最高的。我们都知道，每门学科越是学到后面越难。也就是说，在最开始时，我们不需要费多少精力就可以轻松地学到大量知识，这会让我们颇有成就感。就以GDP为例，经济学是一门实用性很强的学科，会影响每个人，因此我推荐所有人去看一看经济学的入门书籍。刚开始学习经济学时，你可以通过学习频繁地获得对日常生活现象的新理解，进而产生顿悟的快感，这就足够为你提供学习的动力了。

第三章

像逻辑学家一样思考

形式逻辑关注思维的形式,它是人的基础性技能。符号化和系统化的思维方式会让我们的思维过程更清晰明了。形式逻辑强调结构和规则,可以让我们的思维更严密,帮助我们将复杂问题简单化。

什么是形式逻辑

形式逻辑的核心在于通过符号化、规则化的方式分析命题之间的逻辑关系，本质是对人类思维的抽象建模，通过符号和规则将推理过程标准化，确保思维的严密性。形式逻辑也被称为"思维的语法"。

作为逻辑学的分支，形式逻辑主要研究推理的形式结构，而不涉及具体推理内容的真实性。形式逻辑使用符号和形式规则描述逻辑的推理、论证过程，使得推理过程可以像数学运算那样精确和系统化。

学习形式逻辑可以帮助我们提高思维的严密性，也有助于我们理解形式逻辑在其他领域的应用，比如理解计算机科学的基本原理。

逻辑学的两种方向

形式逻辑

形式逻辑关注的是论证的形式结构,而非具体内容。

例如,可以抽象出"所有人都会死,苏格拉底是人,所以苏格拉底会死"。结构如下:

所有X都是Y,(前提)

Z是X,(前提)

Z是Y。(结论)

这是一个正确的形式,我们可以替换其中的X、Y、Z的内容。只要两个前提为真,那么整个论证就是正确的。例如:

所有人都长了眼睛,(前提)

你是人,(前提)

你长了眼睛。(结论)

非形式逻辑

非形式逻辑研究自然语言论证。非形式逻辑不用抽象化的符号，它关注的是自然语言中的论证结构、推理方式和常见的逻辑错误。自然语言包含大量细微的内容，因此难以用形式逻辑完全捕捉，这是非形式逻辑登场的背景。

对谬误的研究是非形式逻辑的重要分支。有别于形式逻辑，非形式逻辑直到20世纪70年代才兴起，并逐渐发展成为一门独立学科，在多个领域得到广泛应用。

逻辑学的基本概念:从混沌走向清晰

句子、命题

血是红色的。(句子1)

红色是血的颜色。(句子2)

Blood is red.(句子3)

这是三个不同的"句子",但它们有着相同的意义,且表达了同一个"命题"。

命题是一个可以被肯定或否定的判断。比如,在上面的例子中,"血是红色的"这个命题要么对,要么不对。

命题是构成"论证"的基本单位。接下来我们将理解何为"论证"。

论证、前提、结论

我是一个人,（命题1）（前提）
我写了这本书,（命题2）（前提）
这本书是由人写出来的。（命题3）（结论）

论证即从一个或者多个命题，推出另一个命题；结论是最终被推出的那一个命题；前提则是论证过程中为结论提供依据的其余命题。

在我们日常所用的自然语言里，往往不会非常明确地区分前提和结论。但不管论证多么复杂，都是由一个或多个前提和一个结论组成的。因此，我们可以通过对论证进行梳理，分别找出前提和结论。

演绎论证、归纳论证

根据前提支持结论的方式，可以将论证分为两种类型——演绎论证和归纳论证。

演绎论证是从一般到特殊的推理方式。如果一个演绎论证的前提为真，那么可以推出其结论一定为真，即该演绎论证有效。演绎论证的核心任务是区分出有效论证和无效论证。

演绎论证：
所有人都会死亡，（前提）
苏格拉底是人，（前提）
苏格拉底会死。（结论）

归纳论证则是从特殊到一般的推理方式。归纳论证基于观察和经验，即通过观察到的特定实例推断出一般规则或原则。然而，即使所有前提均为真，归纳论证的结论也可能是假的。

归纳论证：
孔子死了，（前提）
苏格拉底死了，（前提）
亚里士多德死了，（前提）
牛顿死了，（前提）
爱因斯坦死了，（前提）
王小波死了，（前提）
……
所有人都会死。（结论）

如果我们继续细数更多已经死去的人，那么这个论证就会变得更强。但如果我们突然发现了反例——有一个人竟然不会死，那么原本的结论就会受到冲击。也就是说，新发现的事实可以改变我们对归纳论证的评价。

因此，我们不能说归纳论证有效或无效，因为有效或无效意味着必然，它只能用来形容演绎论证。对于归纳论证，我们只能说它强或者弱。

直言命题：没人会理解你没有表达的意思

范畴是指明确代表一类东西的概念类别，比如"植物""工具""鸟"，它们把具有相似属性的一些东西归为一类。而直言命题是指可以用来明确表述两个范畴之间关系的一种命题。

直言命题可以是全称的或特称的、肯定的或者否定的，因此直言命题可以被划分为四种形式：全称肯定命题、全称否定命题、特称肯定命题、特称否定命题。

全称命题涵盖了所有可能的个体或案例，标志词是"全部""所有"；特称命题仅涵盖部分个体或案例，只表示对部分个体的判断，标志词是"有的""一些"。

直言命题的四种类型

1. 所有的鸟都是有翅膀的动物。（全称肯定命题）

2. 所有的鸟都不是有翅膀的动物。（全称否定命题）
3. 有的鸟是有翅膀的动物。（特称肯定命题）
4. 有的鸟不是有翅膀的动物。（特称否定命题）

通过观察这些直言命题，我们会发现所有直言命题都由四个部分组成。

量词（所有的/有的）+主词（鸟）+系词（是/不是）+谓词（有翅膀的动物）

量词（quantifier）用于表明命题中主词的数量范围，例如"所有的""有的"，用以区分命题究竟关于全部事物还是部分事物。

主词（subject term）是命题中谈论的主体或对象，是命题描述的焦点。在这里，"鸟"是主词。

系词（copula）用来连接主词和谓词，表明二者之间的逻辑关系。例如，"是"或"不是"。

谓词（predicate term）是对主词的陈述或说明，用来指出主词"是什么""怎么样"。

其中，主词和谓词是构成一个命题的成分，统称"词项"。

虽然所有直言命题都由四个部分组成，但在日常生活中，人们往往不会用如此严格的格式来表达直言命题。我们可以在了解了直言命题的四个组成部分以后，把自然语言中的直言命题转化成有标准格式的直言命题。例如：

人不喝水就会死。
所有人都是需要喝水的人。（全称肯定命题）

总有人以正义之名行邪恶之事。
有的有正义之名的人，是行邪恶之事的人。（特称肯定命题）

世界上不存在黑天鹅。
所有天鹅都不是黑色的天鹅。（全称否定命题）

有些电影不适合儿童观看。
有的电影不是适合儿童观看的电影。（特称否定命题）

换质和换位

请你判断以下几组命题在真假上是否一样。

1. 所有的纯净水不是甜的液体。/所有的纯净水是不甜的液体。
2. 所有的纯净水不是甜的液体。/所有的甜的液体不是纯净水。
3. 所有的纯净水不是甜的液体。/所有的不甜的液体是纯净水。

在这三组命题里，1、2命题是等值关系，它们真假一致；3命题不是等值关系。

除此之外，还有一则经典笑话。

例一

有一个人请好友吃饭，已经来了四五个人，偏偏有一个人迟迟不到。这时，请客的人着急地说道："该来的怎么不来呢？"哪知一位好友心想："那我是不该来的。"于是起身走了。那人又说道:"呀,不该走的走了。"另一位好友又心想:"那我是该走的。"于是也起身走了。

为什么两位好友被气走了?因为他们把主人的直言命题理解成了全称命题。我们用逻辑学的视角分析如下:

1. 该来的怎么不来呢?
2. 所有的该来的人是没有来的人。

所有的来了的人不是该来的人。

1. 呀,不该走的走了。
2. 所有的不该走的人是走了的人。

所有的没走的人是该走的人。

实际上,主人在表达的时候想说的是特称命题,只是没有把话说清楚而已,因此导致客人产生了误解。

主人的原意应该是这样的:

1. 该来的怎么不来呢?
2. 有的该来的人是没有来的人。

3. 有的没有来的人是该来的人。

有的该来的人是来了的人。

1. 呀，不该走的走了。
2. 有的不该走的人是走了的人。
3. 有的走了的人是不该走的人。

有的不该走的人是没走的人。

客人在听到主人的话以后，对主人的直言命题进行了转化。主人的原意也可以作为直言命题进行转化，但这些转化过程具体是什么样的呢？如何确认转化后的命题与原命题一致呢？这是传统逻辑研究的内容。转化直言命题的方法一共有换质、换位、换质位三种，经过有效的转化之后，命题的真假保持不变。

换质

"质"即直言命题的肯定或者否定。如果直言命题的系词是"是"，就是肯定命题；如果系词是"不是"，就是否定命题。

因此，"换质"的意思是：如果直言命题是肯定的，就把它变成否定的；如果直言命题是否定的，就把它变成肯定的。注意，在换质时，还要在谓词的前面加上"非/不/没"等否定词，才能使命题的真假保持不变。

四种直言命题都可以换质，如下表所示。换质的过程就是为原命题加上两个否定，换质的原理非常容易理解，即双重否定表示肯定。

直言命题类型	原命题	换质命题	例子
全称肯定命题	所有的[主词]都是[谓词]	所有的[主词]都不是非[谓词]	所有的鸟是有翅膀的动物=所有的鸟不是没有翅膀的动物
全称否定命题	所有的[主词]都不是[谓词]	所有的[主词]都是非[谓词]	所有的纯净水不是甜的液体=所有的纯净水是不甜的液体
特称肯定命题	有的[主词]是[谓词]	有的[主词]不是非[谓词]	有的天鹅是黑天鹅=有的天鹅不是非黑天鹅
特称否定命题	有的[主词]不是[谓词]	有的[主词]是非[谓词]	有的电影不是适合儿童观看的电影=有的电影是不适合儿童观看的电影

换质

换位

"换位"即调换命题中主词和谓词的位置。在四类直言命题中，只有全称否定和特称肯定两类可以换位。

直言命题类型	原命题	换位命题	例子
全称肯定命题	×	×	所有的鸟是有翅膀的动物 × 所有的有翅膀的动物是鸟
全称否定命题	所有的［主词］不是［谓词］	所有的［谓词］不是［主词］	所有的纯净水不是甜的液体＝所有的甜的液体不是纯净水
特称肯定命题	有的［主词］是［谓词］	有的［谓词］是［主词］	有的司机是男性＝有的男性是司机
特称否定命题	×	×	有的电影不是适合儿童观看的电影 × 有的适合儿童观看的电影不是电影

换位

换质位

"换质位"即先进行换质，然后进行一次换位。在四类直言命题中，只有全称肯定命题和特称否定命题可以换质位。

直言命题类型	原命题	换质位命题	例子
全称肯定命题	所有的［主词］都是［谓词］	所有的非［谓词］不是［主词］	所有的鸟是有翅膀的动物＝所有的没有翅膀的动物不是鸟

续表

直言命题类型	原命题	换质位命题	例子
全称否定命题	×	×	所有的纯净水不是甜的液体 × 所有的不甜的液体是纯净水
特称肯定命题	×	×	有的天鹅是黑天鹅 × 有的非黑天鹅不是天鹅
特称否定命题	有的［主词］不是［谓词］	有的非［谓词］是［主词］	有的电影不是适合儿童观看的电影＝有的不适合儿童观看的电影是电影

换质位

对当方阵

在直言命题的简单推理里，除上面介绍的变形外，还可以直接根据四类直言命题中一类命题的真假来直接推断对应的另外三类命题的真假。

下面四个命题具有相同的主词和谓词，分别是直言命题的四种类型。此时，可以通过其中一个命题的真假来推断其他三个命题的真假。

1. 所有的纯净水是甜的液体。（全称肯定命题）

2. 所有的纯净水不是甜的液体。（全称否定命题）

3. 有的纯净水是甜的液体。（特称肯定命题）

4. 有的纯净水不是甜的液体。（特称否定命题）

我们先分别假设命题1、2、3、4的真假，然后据此推断其他命题的真假：

假设1为真，那么2是假的，3是真的，4是假的；假设1为假，那么2真假未知，3真假未知，4是真的。

假设2为真，那么1是假的，3是假的，4是真的；假设2为假，那么1真假未知，3是真的，4真假未知。

假设3为真，那么1真假未知，2是假的，4真假未知；假设3为假，那么1是假的，2是真的，4是真的。

假设4为真，那么1是假的，2真假未知，3真假未知；假设4为假，那么1是真的，2是假的，3是真的。

看了上面一系列推断之后，你可能一时有些转不过来。但不用担心，逻辑学家用对当方阵梳理了四类直言命题之间的真假关系。对当方阵是传统逻辑学最重要的成果之一。见下表：

```
              反对关系
  ┌──────┐ ←──────→ ┌──────┐
  │全称肯 │          │全称否 │
  │定命题 │          │定命题 │
  └──────┘          └──────┘
    │   ↖    矛盾   ↗   │
  差 │     ╲       ╱    │ 差
  等 │       ╲   ╱      │ 等
  关 │        ╳         │ 关
  系 │       ╱   ╲      │ 系
    │     ╱  关系  ╲    │
    ↓   ↙           ↘   ↓
  ┌──────┐          ┌──────┐
  │特称肯 │ ←──────→ │特称否 │
  │定命题 │ 下反对关系│定命题 │
  └──────┘          └──────┘
```

对当方阵

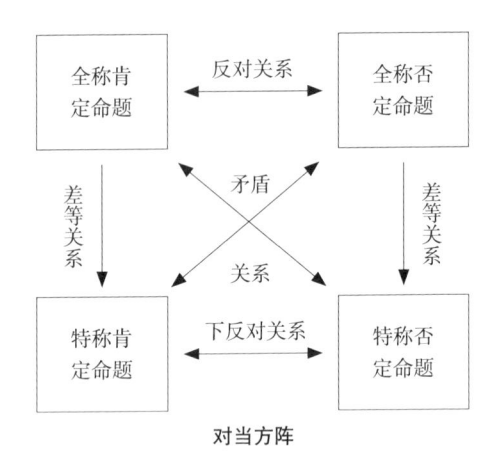

矛盾关系：两个命题的真假相反。

解释：两个命题必然一真一假，知道其中一个命题为真，便可以知道另一个命题为假；知道其中一个命题为假，便可以知道另一个命题为真。

反对关系：两个全称命题不能同时为真。

解释：知道其中一个命题为真，便可以知道另一个命题为假；知道其中一个命题为假，那么另一个命题真假未知。

下反对关系：两个特称命题不能同时为假。

解释：知道其中一个命题为假，便可以知道另一个命题为真；知道其中一个命题为真，那么另一个命题真假未知。

差等关系：全称命题和特称命题之间的关系。

解释：如果全称命题为真，那么特称命题为真；如果特称命题为假，那么全称命题为假。如果前提是全称命题为假或特称命题为真，那么另一个命题的真假未知。

三段论：复杂问题的拆解术

哪怕你没有学习过逻辑学，大概也听说过"三段论"这个词。

三段论，即由两个前提（命题）推得一个结论的演绎论证。我们常说的三段论，一般是指"直言三段论"，也就是由三个直言命题组成的演绎论证。除了直言三段论，三段论还有其他类型，比如假言三段论、选言三段论。但本书讲述的三段论默认指代直言三段论。

前面说过，一个命题中的主词和谓词被统称为"词项"，这里的主词和谓词是在命题层面的一组术语。而在三段论层面，我们需要新的一组术语来表示命题成分之间的关系——结论的主词叫作"小项"，含有小项的前提叫作"小前提"；结论的谓词叫作"大项"，含有大项的前提叫作"大前提"；两个前提共有的（不在结论中出现）词项叫"中项"。值得注意的是中项，它是联结小项与大项的桥梁。

例一

所有的鸟是有翅膀的动物，（大前提）

所有的鸽子是鸟，（小前提）

所有的鸽子是有翅膀的动物。（结论）

我们先来观察结论。从命题层面来看，"鸽子"是主词，"有翅膀的动物"是谓词；从三段论层面来看，"鸽子"是小项，"有翅膀的动物"是大项。

然后我们再来观察大前提和小前提。从命题层面来看，鸟在大前提里是主词，在小前提里是谓词；从三段论层面来看，"鸟"是中项。

于是，根据"小项""大项""中项"这三个词项，我们可以将例子里的三段论进一步还原为如下形式：

中项-大项（大前提）（全称肯定命题）

小项-中项（小前提）（全称肯定命题）

小项-大项（结论）（全称肯定命题）

三段论词项顺序

由于在三段论的大前提和小前提里,中项与大项的顺序、小项与中项的顺序可以对调,因此三段论里词项的出现顺序有4(2×2)种可能。见下表:

	第1种可能	第2种可能	第3种可能	第4种可能
大前提	中项–大项	大项–中项	中项–大项	大项–中项
小前提	小项–中项	小项–中项	中项–小项	中项–小项
结论	小项–大项	小项–大项	小项–大项	小项–大项

三段论词项顺序

由于大前提、小前提、结论分别存在4种直言命题类型的可能,因此大前提、小前提、结论在直言命题的类型上一共有64(4×4×4)种组合。

综上,考虑到一个三段论的词项顺序有4种可能,直言命题的组合类型有64种可能,所以三段论一共有256(64×4)种形式。

判断三段论的有效性

三段论的24个有效式

三段论是演绎论证,因此只要三段论在形式上是正确的,就可以确定这个三段论是有效的。

三段论一共有256种形式,传统的亚里士多德观点认为只有24个是有效的,现代的布尔观点(得名于英国数学家乔治·布尔)则认为有效式只有15个。

这里我用字母表示直言命题的类型:A(全称肯定)、E(全称否定)、I(特称肯定)、O(特称否定)。用数字表示三段论词项顺序的类型:第一种可能的词项顺序用"1"表示,第二种可能的词项顺序用"2"表示,以此类推。比如,AII-1这一三段式的意思是:大前提是全称肯定命题,小前提和结论是特称肯定命题,词项的顺序是第一种。

有了表示三段论的简洁手段,就可以认识全部的24个有效式了:

AAA-1　AII-1　EAE-1　EIO-1　*AAI-1　*EAO-1

AEE-2　EAE-2　EIO-2　AOO-2　*AEO-2　*EAO-2

AII-3　EIO-3　IAI-3　OAO-3　*AAI-3　*EAO-3

AEE-4　EIO-4　IAI-4　★AAI-4　★EAO-3　★AEO-4

（★不被布尔观点认可的有效式）

想判断一个三段论是否有效，只需要先判断它的形式，然后检查它的形式是否属于有效式的一种。如果属于，那么就一定有效；如果不属于，就一定无效。

‖ 拓展 ‖

为什么亚里士多德和布尔认可的有效式数量不同？这是因为布尔认为如果两个前提都是全称命题的话，就不能推出特称命题的结论。接下来我将用例子说明。

例一

有的人在上学时，从来不把暑假作业写完。

当量词是"有的"时，亚里士多德和布尔都认为至少需要有一个个例才能判断命题为真。也就是说，至少得有一个人在上学时从来不把暑假作业写完，这个命题才是真的。

例二

所有的写不完作业的人应该受到惩罚。

当量词是"所有的"时，亚里士多德还是认为至少需要有一个个例，但布尔觉得不需要个例，他们在此存在分歧。该例子用布尔的观点来分析更为恰当：就算没有人真的写不完作业，那么所有的写不完作业的人依旧应该受到惩罚。

也就是说，在布尔的观点里，特称命题有存在性预设（提前假设至少有一个个例），但全称命题没有存在性预设。因此布尔认为，如果两个前提都是全称命题，则不能推出特称命题的结论，因为这相当于从"某个事物不一定存在"推出了"某个事物至少有一个"。

规则判断

三段论是否有效，还可以通过规则进行判断。但在介绍规则之前，我需要先介绍一个新的概念——周延。

周延是一个在传统逻辑学里频繁出现的术语。如果某个主词或谓词指称了全部个例，那么我们就说这个词项在这个命题里周延；如果只指称了部分个例，那么这个词项就不周延。换言之，当我们提及一个词项时，有没有考虑这个词项的所有个例？如果考虑了所有个例的话，这个词项就是周延的。

我们可以通过判断词项周延与否来判定命题的逻辑结构及其推理是否有效，一般情况下，全称命题的主词周延，否定命题的谓词周延。

下面，我们将判断四类直言命题的主词和谓词是否周延。你可以先自己思考，把它们当成一组掌握判断周延技巧的练习，然后再阅读我的解释。

所有的［主词］是［谓词］。（全称肯定命题）
所有的鸟是有翅膀的动物。

在判断"所有的鸟是有翅膀的动物"时，我们对"所有的鸟"进行了判断，因此主词"鸟"是周延的。这便是"全称命题的主词周延"的体现。

我们之所以没有对所有"有翅膀的动物"进行判断，是因为除"所有的鸟"是有翅膀的动物之外，还存在一些有翅膀但不属于鸟的动物，如蜻蜓、蝙蝠等。因此，单从这个命题来看，并不能知道其他有翅膀的动物的情况，这说明谓词"有翅膀的动物"不周延。

所有的［主词］不是［谓词］。（全称否定命题）
所有的纯净水不是甜的液体。

在这个命题里，我们也对所有的"纯净水"进行了判断，因此主词周延。

与此同时，我们实际上也对所有"甜的液体"进行了判断——这个命题意味着所有"甜的液体"里，没有任何一种甜的液体是纯净水。这便是"否定命题的谓词周延"的体现。

有的［主词］是［谓词］。（特称肯定命题）
有的读者是女性。

这个命题里的"读者"和"女性"都不周延。我只需要知道有一个女性是我的读者，那么这个命题便是正确的。在这一命题里，我没有对所有的女性、所有的读者进行判断。

有的［主词］不是［谓词］。（特称否定命题）
有的读者不是男性。

和上一个命题一样，"读者"作为主词在特称命题里不周延。我不需要判断所有读者是否都是男性，只需要知道有的读者不是男性，那么这个命题便是正确的。

在理解了周延以后，我们来学习三段论的规则判断。

规则1：中项至少要在前提中周延一次

中项起到了连接小项和大项的作用。如果中项一次都没有周延，就不足以在结论中使小项和大项产生联系。

规则2：结论中周延的词，也需要在前提中周延

结论里的信息量不能比前提里的信息量大，因此在结论中周延的词也需要在前提中周延。

规则3：否定结论的数量等于否定前提的数量

根据这条规则，我们可以展开这样的推理：

（1）如果前提中的两个命题都是否定的，那么就推不出结论。

（2）如果前提中的两个命题一个肯定一个否定，那么结论一定是否定的。

（3）如果前提中两个命题都是肯定的，那么结论也一定是肯定的。

规则4：两个全称命题的前提不能得出特称命题的结论（仅布尔观点）

结论里的信息量不能比前提里的大。由于特称命题有存在性假设，全称命题没有存在性假设，因此两个全称命题的前提不能得出特称命题的结论。

‖练习‖

除本书提及的有效式判断、规则判断外，还有很多方法都可以用来判断三段论是否有效。我准备了一些三段论的例子，你可以尝试自己独立判断它们是否有效。

例一

一些哺乳动物是宠物，（大前提）

所有的狗都是哺乳动物，（小前提）

所以一些狗是宠物。（结论）

从直觉上看，"一些哺乳动物是宠物"中并没有涵盖狗，狗可能是另外的哺乳动物，因此不能推出"一些狗是宠物"。

如果把狗替换成蝙蝠，那么就更容易看出这个三段论的问题了：所有的蝙蝠都是哺乳动物，一些哺乳动物是宠物，所以一些蝙蝠是宠物。

我们也可以用有效式来判断其是否有效：首先，找出里面的大前提"一些哺乳动物是宠物"和小前提"所有的狗都是哺乳动物"，于是便可以知道它的形式是IAI-1。查阅有效式表格后并未发现这一形式，因此确定它是无效的。

或是用规则判断：中项"哺乳动物"在前提中一次都没有周延，不符合规则1。

例二

一些厨具可以切菜，（大前提）

一些勺子是厨具，（小前提）

所以一些勺子可以切菜。（结论）

从直觉上看，"一些厨具可以切菜"里不一定涵盖"一些勺子"，因此无法根据前提得出结论，故而推理是无效的。

我们也可以用有效式来判断其是否有效：首先，找出里面的大前提"一些厨具可以切菜"和小前提"一些勺子是厨具"，于是便可以知道它的形式是III-1。查阅有效式表格后，并未发现这一形式，因此确定它是无效的。

或用规则进行判断：中项"厨具"在前提中一次都没有周

延，不符合规则1。

例三

没有爬行动物是鱼，（大前提）

一些动物是爬行动物，（小前提）

所以没有动物是鱼。（结论）

从直觉上看，前提中只讨论了"一些动物"，结论却出现了"所有动物"，因此推理是无效的。

我们也可以用有效式来判断其是否有效。首先，找出里面的大前提"没有爬行动物是鱼"和小前提"一些动物是爬行动物"，于是便可以知道它的形式是EIE-1。查阅有效式表格后，并未发现这一形式，因此确定它是无效的。或用规则判断：结论中周延的主词"动物"在前提"一些动物是爬行动物"中不周延，不符合规则2。

生活中的三段论

在日常生活里，人们会频繁地运用三段论的方法进行表达。下面我会介绍如何判断生活里的三段论是否有效。

补全被省略的三段论

人们在说话时往往不会把话说完整,因此如果想要进行逻辑上的三段论分析,首先需要补全被省略的三段论。其中,大前提、小前提、结论都可能成为被省略的对象。

例一

小健:我未满18周岁,所以我是未成年人。

小健的表达省略了大前提。下面让我们来补全小健的三段论:

所有未满18周岁的人是未成年人,(大前提)
我未满18周岁,(小前提)
我是未成年人。(结论)

小健省略大前提的原因不难理解——大前提"所有未满18周岁的人是未成年人"是常识,很多人都知道,因此小健觉得自己不必再次说明。

例二

自由意味着责任，这就是大多数人畏惧自由的原因。（萧伯纳）

我们来补全这个三段论，并将它改写为三段论的标准形式：

所有的自由意味着责任，（大前提）

大多数人畏惧责任，（小前提）

大多数人畏惧自由。（结论）

萧伯纳在这句名言里省略的就是小前提。萧伯纳省略小前提的理由和前面小健省略大前提的理由不同。小前提"大多数人畏惧责任"并不是常识，而是一个带有主观色彩的命题。萧伯纳省略小前提的主要目的是让句子更有感染力。对比一下萧伯纳的原话和三段论版本，会发现三段论版本在感染力上有所欠缺，且美感也消失了。

例三

小健犯了一个严重的错误。

小健的妈妈：他还只是个孩子啊！

让我们来补全小健妈妈的三段论。"他还只是个孩子啊"是小前提，小健妈妈没有明说大前提和结论。但我们可以根据语境理解大前提和结论。

小健妈妈完整的三段论如下：

所有的孩子都是犯错应该被原谅的人，（大前提）
小健是一个孩子，（小前提）
小健是犯错应该被原谅的人。（结论）

小健妈妈的推论的大前提"所有的孩子都是犯错应该被原谅的人"是一个主观观点。小健妈妈通过省略这个问题明显的大前提，来让自己的表达显得更正确。这样一来，她摆上台面的命题"他还只是一个孩子"自然就显得更加"正确"、更不容辩驳了。

冒牌的三段论

有的论证看上去是三段论，但实际上不是。

例一

我是人民，（大前提）

你是人民的儿子，（小前提）

你是我的儿子。（结论）

例二

没有东西胜过自由，（大前提）

一块钱胜过没有东西，（小前提）

一块钱胜过自由。（结论）

这两个例子看上去符合三段论的正确形式，而且似乎前提都是正确的，但结论实在离谱。仔细观察之后，我们会发现问题在于里面的词项"人民"和"没有东西"存在歧义。

对于例一，"人民"在大前提里指"单个人"，而在小前提里泛指"人民群众"。

对于例二，"没有东西"在大前提里指"所有东西都不能胜过自由"，而在小前提里指"空空如也，什么都没有"。

这就是这些有歧义的冒牌三段论的问题——它们看上去和三段论一样，只有三个词项，但是实际上有四个词项。因此，这些冒牌三段论被称为四项谬误。

命题逻辑:一切皆可计算

莱布尼茨是人类历史上的一位大师,他不仅在数学领域有着巨大贡献,在逻辑学领域也一样。莱布尼茨被后世称为数理逻辑之父。

莱布尼茨有一个梦想,那就是建立一个能够涵盖所有人类思维活动的"通用符号演算系统",让人们的思维方式变得像数学运算那样清晰。人们一旦产生争论,只要坐下来算一算,就可以辨明谁对谁错。

莱布尼茨的梦想在一定程度上实现了——现代逻辑学确实如莱布尼茨所预想的那样,加入了大量数学符号,逻辑也因此在表达上变得更加清晰。

逻辑运算符

命题逻辑是逻辑学里的一个分支,也被称为句子逻辑、零阶逻辑。命题逻辑研究的是命题与命题之间的关系。

在命题逻辑里,命题被分为两类——简单命题和复合命题。简单命题是不含逻辑运算符的命题,一般用一个小写字母表示。复合命题和简单命题相反,它是通过表示联结词的逻辑运算符来连接两个简单命题而形成的命题,用两个小写字母表示。下表展示了5种常见的逻辑运算符,以及它们所对应的联结词,你需要理解并记住这些符号的意思。

名称	符号	语言中的联结词
合取	∧	并且,和
析取	∨	或,或者
否定	¬	非,不是
等值	↔	当且仅当(双条件命题,且都为真或者都为假)
蕴含	→	如果……那么……(条件命题)

逻辑运算符

合取式:$p \wedge q$

我在吃饭(p)并且我饿了(q)。

析取式:$p \vee q$

我在吃饭(p)或者我饿了(q)。

否定式：¬p

我没在吃饭（p）。

等值式：p↔q

当且仅当我在吃饭（p），我饿了（q）。

蕴含式：p→q

如果我在吃饭（p），那么我肯定饿了（q）。

这里我用了5个例子，来帮助大家记忆逻辑运算符的含义。小写字母p、q，表示简单命题，即直接陈述一个事实或者判断，通常是简单的一句话。在上述例子中，p表示第一个简单命题"我在吃饭"，q表示第二个简单命题"我饿了"。

真值函数

函数是数学中用于描述对应关系的一种特殊集合。函数里有输入、输出和对应法则。

在逻辑学中，真值函数是指以真值（命题的值要么为真，要么为假）为输入、以真值为输出的函数。所有逻辑运算符都是一种真值函数的运算法则。比如合取，其输入为两个简单命题的真值；如果两个命题都为真，则输出也为真（整个复合命题为真）；如果至少有一个输入为假，则输出就为假。

接下来，我会按照一定次序（否定、合取、析取、蕴含、等值），来详细介绍5种逻辑运算符的计算方式，用真值表表示在所有输入情况下的输出情况。

如果输出命题的实际运算顺序和默认的不一样，则需要增加括号表示运算顺序的优先级。就像是算数，需要先计算括号里的，再计算其余的。

否定的计算

否定的真值表一共只有两种输入的可能。如果输入为真，那么输出为假；如果输入为假，那么输出为真。

p（输入）	¬q（输出）
真	假
假	真

否定的真值表

否定在自然语言中表现为在句子中加上"并非、不是"等否定词。

自然语言里的否定：

并非所有流浪者都迷失了自我。
你不喜欢我没关系，毕竟不是人人都有好品位。

合取的计算

合取的真值表一共有4种输入可能。只有当两个输入均为真时，输出才为真。这和我们对自然语言的理解一致。如果我们在平时说"……并且……"，那么"并且"的前后都应该是真的。

P（输入）	q（输入）	p∧q（输出）
真	真	真
真	假	假
假	真	假
假	假	假

合取的真值表

除了"并且"，自然语言里的"和""也""虽然……但是……""不仅……而且……"也经常表示合取运算。

自然语言里的合取：

我曾经跨过山河大海，也曾经穿过人山人海。
我祈祷拥有一颗透明的心灵，和会流泪的眼睛。

析取的计算

析取的真值表一共有4种输入的可能。只要有一个输入为真，输出就为真。

p（输入）	q（输入）	p∨q（输出）
真	真	真
真	假	真
假	真	真
假	假	假

析取的真值表

自然语言里的"或"和逻辑上的"析取"有一点不同。自然语言里的"或"通常不会表示两者都为真的情况，一般只表示两个输入里只有一个为真。因此，我们不能将自然语言里的"或"直接理解为析取。比如，"你爱我还是爱他"这个复合命题就不能表示你同时爱我并且爱他。将"爱我"记为p，将"爱他"记为q，则整个命题不能转化为p∨q，而应该是（p∨q）∧¬（p∧q），意为"p析取q，并且p、q不同时为真"。

自然语言里的析取：

今天中午聚餐，我们吃烤肉或者火锅。（可能两个都吃）
公司要安排一个人去总部学习，可能小王去，也可能小李去。（只有一个人能去）

等值的计算
等值的真值表一共有4种输入的可能。如果两个输入的真值相等，则输出为真。

p（输入）	q（输入）	p↔q（输出）
真	真	真
真	假	假
假	真	假
假	假	真

等值的真值表

等值相当于自然语言里的"当且仅当"。

自然语言里的等值:

人不犯我,我不犯人;人若犯我,我必犯人。
便宜没好货,好货不便宜。

蕴含的计算

蕴含的真值表一共有4种输入的可能。蕴含是比较复杂的逻辑运算。当p为真时,只有q也为真,输出才为真;当p为假时,不管q如何,输出都为真。

p→q在真值表上和¬p∨q完全一致,因此它们之间可以互相转换。

p(输入)	q(输入)	p→q(输出1)	¬p∨q(输出2)
真	真	真	真
真	假	假	假
假	真	真	真
假	假	真	真

蕴含的真值表

自然语言里p为真的蕴含式：

哎，我们的阿毛如果还在，也有这么大了。
如果不怕刺，还可以摘到覆盆子。

在日常生活中表达蕴含关系时，通常是当p为真的情况。但在逻辑学里，p为假的蕴含式的输出一定为真。

蕴含之所以是一个重要的逻辑运算符，是因为它可以表达充分条件和必要条件。

或许我们已经在学校的数学课上学习过充分条件和必要条件，但在这里，它们会和逻辑学联系起来。如果p→q，就说p是q的充分条件，q是p的必要条件。

充分条件表现为在p发生的情况下，q一定发生；在p没有发生的情况下，q也可能发生。

必要条件表现为在q发生的情况下，p可能发生；在q不发生的情况下，p一定不发生。

例一
如果一个人考上清北，那么他好好学习过。

分析充分条件："考上清北"是"好好学习过"的充分条件，即考上清北的人一定好好学习过；但一个人就算没有考上清北，他也可能好好学习过。

分析必要条件："好好学习过"是"考上清北"的必要条件，好好学习过的人既可能考上清北，也可能考不上清北，但不好好学习的人一定考不上清北。

当一个条件既充分又必要时，这个条件是充分必要条件，简称充要条件。实际上，充要条件我们已经在前面学习过了，就是等值。所以$p \leftrightarrow q$也可以写作$(p \rightarrow q) \land (q \rightarrow p)$。

论证有效性

如果一个复合命题在任何输入下都为真，那么这个复合命题就叫重言式。

重言式的例子有$p \lor \neg p$、$p \rightarrow p$等。

我们可以借助重言式判断某个论证是有效的。在学习三段论时，我们已经知道了"有效"这个词在论证里的意思——如果一个论证在前提均为真时，其结论必定为真，那么就可以说这个论证是有效的。

因此，最重要的问题是如何让重言式和论证有效性产生关联。

答案是利用蕴含连接前提和结论。我们将整个论证改写为"前提→结论"的蕴含式，如果整个蕴含式是重言式，就等于在前提为假的情况下，结论的真假未知；而在前提为真的情况下，结论一定为真。这恰好符合我们之前对论证有效性的定义。下面的例子要求根据蕴含式是不是重言式来判断论证的有效性：

如果你喜欢这本书并且资金充裕，那么你就会买这本书；你喜欢这本书却没有买这本书，所以你资金不充裕。

第一步：找出前提和结论。"所以你资金不充裕"是结论，其余的则是前提。

第二步：用小写字母标记简单命题。用p表示"你喜欢这本书"，用q表示"你资金充裕"，用r表示"你会买这本书"。

第三步：将论证改写为蕴含式，即：（p∧q→r）∧（p∧¬r）→¬q。

第四步：写真值表。这个论证有三个简单命题，因此一共有2×2×2=8种输入可能。

217
第三章　像逻辑学家一样思考

p（输入）	q（输入）	r（输入）	p∧q→r（输出1）	p∧¬r（输出2）	(p∧q→r)∧(p∧¬r)（输出3）	(p∧q→r)∧(p∧¬r)→¬q（输出4）
真	真	真	真	假	假	真
真	真	假	假	真	假	真
真	假	真	真	假	假	真
假	真	真	真	假	假	真
真	假	假	真	真	真	真
假	真	假	真	假	假	真
假	假	真	真	假	假	真
假	假	假	真	假	假	真

真值表

当真值表的最后一列全部为真，即当前提为真时，结论一定为真。

通过真值表，我们有力地说明了这个论证是有效论证。但写真值表的过程太过繁琐，其实还有更简单的方法。

其中一种方法是反证法，假如蕴含式（p∧q→r）∧（p∧¬r）→¬q不是真言式，那么就存在为假的可能。如果为假，那么（p∧q→r）∧（p∧¬r）为真，且¬q为假。如果（p∧q→r）∧（p∧¬r）为真，那么p∧¬r为真，那么p为真，r为假，推得（p∧q→r）为假，再推得（p∧q→r）∧（p∧¬r）为假，与最开始的假设矛盾。因此，（p∧q→r）∧（p∧¬r）→¬q一定为真。

另一种方法是在网络上搜索"真值表生成器"，把蕴含式（p∧q→r）∧（p∧¬r）→¬q复制粘贴到生成器上，然后程序便可以立刻帮你算出整个真值表。

接下来，你可以选择自己喜欢的方法来验证以下论证的有效性。

例一

演员们受过专业训练，无论多好笑，他们都不会笑，除非忍不住。他们笑了，所以他们遇到了没忍住的情况。

例二

如果一本讲逻辑的书通俗易懂,那么有专业需求的人就不会喜欢它;如果一本讲逻辑的书不通俗易懂,那么普罗大众就不会喜欢它。因此,总会有人不喜欢逻辑书。

在例一里,用p表示"不会笑",用q表示"忍不住的情况",可以将论证转化为这样的蕴含式:$(\neg q \to p) \wedge \neg p \to q$。验证真值表以后确定是重言式,则论证有效。

在例二里,用p表示"书通俗易懂",用q表示"专业人士不喜欢",用r表示"大众不喜欢"。那么可以将论证转化为这样的蕴含式:$(p \to q) \wedge (\neg p \to r) \to q \vee r$。验证真值表以后确定是重言式,则论证有效。

类比论证：不可忽视的底层思维

虽然我们已经对演绎论证进行了讨论，但在现实生活中，我们仍然很难进行真正的演绎论证。因此，另一种类型的论证在现实中更为普遍——归纳论证。

其中，类比论证是一种被普遍使用的归纳论证类型，是人理解世界和进行决策的最常见的方法。

类比论证的过程非常简单：根据一些事物在某些方面的相似性，推测这些事物在其他方面也存在相似性。

类比论证的思维方式对我在很多方面的决策均存在影响：

例一
我喜欢罗大佑过去创作的音乐，罗大佑的新作品我大概率也会喜欢，一旦罗大佑出新歌，我就会去听。

例二

我是××电子品牌的忠实用户,购买过它们的手机、电脑、手表等产品,这些产品一直都符合我的需求。因此,当我需要新的电子产品时,依旧会买它们的产品。

演绎论证所得出的结论是确定的,但类比论证得出的结论并非如此。类比论证所得出的结论只是概率较大,而非确定。比如,我喜欢的罗大佑也可能创作出我不喜欢的歌,我喜欢的电子品牌也可能推出我不喜欢的产品——这就是归纳论证的"或然性"("和"必然性"相对,意思是有可能、不绝对)。

不同场景的类比

法庭

在法庭上,类比论证是一种常见工具。在像英美这样的判例法国家中,判例会影响以后的案件判决。所以,这些国家的法官往往会做出这样的类比推理——如果两个案件具有相似的特点,那么它们应该具有相似的判决结果。

法庭上的类比论证也有其好处——它提供了预见性,让人们知道什么样的行为会导致什么样的后果。

文学

除论证外,类比也被用于非论证的情境中。比如,比喻是类比在文学中的体现,可以给读者创造鲜活的画面。例如,王小波的一些比喻就让人眼前一亮:

1. 我和你就像两个小孩子,围着一个神秘的果酱罐,一点一点地尝它,看看里面有多少甜。
2. 满天都是星星,好像一场冻结了的大雨……那时候我们一无所有,也没有什么能妨碍我们享受静夜。
3. 我说:"妖妖,你看那水银灯的灯光像什么?大团的蒲公英浮在街道的河流上,吞吐着柔软的针一样的光。"

妖妖说:"好,那么我们在人行道上走呢?这昏黄的路灯呢?"

我抬头看看路灯,它把昏黄的灯光隔着蒙蒙的雾气一直投向地面。

我说:"我们好像在池塘的水底。从一个月亮走向另一个月亮。"

说明事物

类比也经常被用来说明事物。人们通过对照已知的、熟悉的东西，让陌生的、不熟悉的东西变得更好理解。比如，可以使用类比论证来解释一些科学概念。

引力：引力是地球对物体的吸引力，就如同磁铁吸引铁片一般，这种自然的吸引力会使物体朝向地球的方向移动。

熵：熵是物理学对系统混乱度的度量。系统的熵增就像你的房间那样，如果不打扫，只会变得越来越乱。

催化剂：催化剂是一类可以加速化学反应但不被消耗的物质。就像一个好的老师可以加速学生的学习过程，但老师并未发生改变。

类比论证的强度

一般不说类比论证是有效的或者无效的，因为有效或者无效的说法，通常用于形容演绎论证，而类比论证属于归纳论证的范畴。在类比论证中，从前提到结论均不存在逻辑上的必然性，因此不能说其究竟是有效的还是无效的。但由于有一些类比论证的论证力度比另一些类比论证强，因此我们可以对某个类比论证的强度进行评价。影响类比论证强度的因素如下。

实例数量

作为类比前提的实例的数量越多,类比论证力度越强。

例一

小健:我喜欢罗大佑的《恋曲1990》,因此我觉得我也会喜欢罗大佑的其他歌。

小雨:我喜欢罗大佑的《恋曲1990》《未来的主人翁》《光阴的故事》《童年》,所以我觉得我也会喜欢罗大佑的其他歌。

小健只喜欢一首罗大佑的歌,所以即使小健很喜欢这首歌,他"也会喜欢罗大佑的其他歌"的推论也不具备太多说服力——喜欢某个音乐人的一首歌,并不意味着喜欢这个音乐人创作的所有歌。

小雨喜欢多首罗大佑的歌,因此,小雨的类比论证要比小健的更具说服力。

相似程度

在前提与结论中,类比的对象的相似程度越高,类比论证力度越强。

例一

小健：我喜欢××公司的手机，所以我觉得我也会喜欢××公司的笔记本电脑。

小雨：我喜欢××公司的手机，所以我觉得我也会喜欢××公司的平板电脑。

虽然小健和小雨都对自己对××公司的新产品的喜好进行了预测，但他们的类比论证的强度有所不同。手机和笔记本电脑存在很大差异——电脑有实体键盘、有触控板，还有桌面操作系统；手机没有实体键盘、触控板，用的是移动操作系统。而手机和平板电脑的差异较小——都没有实体键盘和触控板，且都是用的移动操作系统。因此，小雨进行类比论证的对象更为相似，所以小雨的类比论证力度更强。

前提中的差异性

在进行类比论证时，前提中的差异性越大，论证的力度就越强。

例一

小健：我喜欢过××公司的3款手机，所以我觉得我也会喜欢××公司的平板电脑。

小雨：我喜欢××公司的手机、电脑、耳机，所以我觉得我也会喜欢××公司的平板电脑。

小雨在前提中提供的例子差异很大——手机、电脑以及耳机，它们是非常不一样的电子产品，但小雨都喜欢，因此这增强了小雨的论证。在这个例子里，前提中的差异性之所以可以增强论证，是因为其扩大了预测力——或许对不同类型的产品，××公司均有着类似的品质要求。

相关性
在进行类比时所用的因素越相关，类比论证越强。

1802年，英国神学家威廉·佩利写了一本名叫《自然神学》的书。为了证明"神是存在的"，他用"钟表匠类比"来进行类比论证：

因为手表内部的运作方式是复杂的，所以手表必然需要一位设计者。

因为某物（特定的器官或生物、星系的结构、生命、宇宙）是复杂的，所以必然有一位设计者，也就是神。

你觉得钟表匠类比存在缺陷吗?

当时达尔文还没有提出进化论,人们也并不知道为什么人和其他生物会有精巧的构造,于是就有了这种假说。但此后,许多人对钟表匠类比提出了反对意见。

根据逻辑学上的类比论证影响因素分析,钟表匠类比的问题在于相关性差——虽然手表和宇宙都是复杂的,但这种复杂的相关性不大(手表和宇宙实在相去甚远),因此类比论证的力度弱。

对相关性的在乎根本上是对因果关系的在乎。类比论证之所以可行,是因为被类比的因素之间可能存在某种因果关系。为了进一步说明相关性和类比论证力度的关系,下面我将提供一个新的例子。

例一

小健:我对我上一部手机很满意,因为我上次买手机是在星期一,所以我这次也在星期一买手机,希望新手机也能让我满意。

小雨:我对我的上一部手机很满意,所以我这次会买同一个品牌的手机,希望新手机能让我满意。

为了买到满意的手机，小健和小雨都进行了类比论证，试图通过相似的因素买到满意的手机。其中，小雨的类比论证的力度明显比小健的强，因为小雨在论证时所使用的因素的相关性较高——手机的品牌。而小健在论证时所使用的因素的相关性较低——根据日期买手机。"在星期一购买"和"相同的品牌"两个因素虽然都与上一部令人满意的手机相关，但由于它们和手机质量的相关性不一，所以论证力度也不一。

现在回到钟表匠类比。类比的相关性弱是其第一个缺陷。此外，我们还可以从其他角度反驳钟表匠类比：

1．复杂的事物不一定存在设计者，而是可以通过无心的程序达到。比如，无限猴子定理——让一只猴子在打字机上随机地按键，当按键时间达到无穷时，几乎必然能打出任何给定文字，比如莎士比亚的全套著作。

2．只要事物复杂，就意味着其存在一位设计者，那么这位设计者必定也是由另一位设计者设计的。那么按照钟表匠类比的逻辑，还会存在设计设计者的设计者，然后无限延伸下去。

3．后来达尔文提出的进化论可以解释生物为什么会变得如此复杂。

接下来，我会就差异性对类比论证力度的影响进行展开说明。

前提与结论的差异性

前提与结论的差异性体现为类比时前提中的对象和结论中的对象的不同。这种差异会减弱类比论证,因此经常被用来攻击某个类比论证的力度不强。

在理解这段内容时,请注意区分"前提中的差异性":前提中的差异性会加强论证,前提与结论的差异性会削弱论证。

许多人在钟表匠类比中指出了这个类比中的差异:上帝被认为是宇宙的设计者,但手表不是由单个设计师设计的,而是凝结了许多人的智慧。手表不会随着时间的流逝而改变自己的功能,但生物会在漫长的时间里进化;手表中所有的部件都有积极作用,但生物存在有害的特性,比如遗传疾病;手表的结构是有限的,但宇宙有巨大的规模和无数的天体;手表是在现有的时间、空间里用既有的物质制造的,但宇宙一般被认为起源于一场大爆炸。

由于手表和宇宙差异巨大,因此从手表到宇宙的类比论证力度很弱。

总结

如果要判断一个类比论证的强度,就应该先判断它的类型究竟是文学比喻、概念说明,还是逻辑论证。前两种类型的类比不需要严谨的逻辑,因此不必过度细究。如果类比的类型是逻辑论证,则可以从实例数量、相似程度、相关性、前提中的差异性、前提与结论的差异性这些角度判断类比论证的强度。实例数量、相似程度、相关性、前提中的差异性会增强论证力度,前提与结论的差异性则会削弱论证力度。

科学：从"观自我"到"观世界"

科学是运用归纳论证的一个重要领域。科学家观察世界，然后根据观察到的现象提出假说，继而从有限的具体实例抽象出广泛的规律——这一过程就是归纳论证。

科学的发展已经彻底改变了我们的生活，在享受科学发展成果的同时，人们愈发渴望探寻真理，而探究的过程离不开归纳论证的运用。

对于归纳论证，休谟提出了著名的"归纳问题"：想象有一个钟表，每天都准时报时，那么你可能因此归纳出结论——这个钟表总是准时的；但即使钟表在之前总是准时的，也不能确保它未来一定会如此——也许这个钟表明天就会突然坏掉。

科学所遇到的问题也一样。一个假说可能符合过去的观察，但如果未来的新观察与过去不一致，这个假说就可能被推翻。

下面将为大家介绍科学解释的特点和科学假说的好坏，它们与科学假说的归纳问题息息相关。

科学解释的特点

科学的解释是相关的

好的科学解释应该是相关的。如何理解这种"相关"呢?大家看下面的例子。

例一

为什么今天大家都不出门?

小健:因为《原神》是由米哈游自主研发的一款全新开放世界冒险游戏。

小雨:因为今天我是被诅咒的少女,我不能出门,否则我的阳寿就会减少一年。

小强:因为今天外面在下雨。

由于小健的解释与"为什么今天大家都不出门"没有关系,因此该解释与问题不存在相关性。

小雨和小强的解释与问题有关,因此比小健的解释更好。非科学的解释也可能是相关的,比如小雨的解释就是相关的非科学的解释。想要在相关的解释中区分科学与非科学，可以依靠下面的两个特点。

1. 科学的解释是暂时的。

一些非科学领域的观点是教条的，往往被认为是绝对正确、不需要改进、不容置疑的。如果你选择质疑，那么有人就会怒发冲冠，根本不能容忍任何其他观点的存在，且拒绝接受任何反面的证据。

与之相反的是，科学所提出的理论是探索性的、暂时性的。科学里有一个词语叫作"假说"，就如同它的名字一样，假说只是具有一定的合理性，而非绝对正确。如果你去看那些科学理论的名称，就会发现其实很多理论都带有"说"或者"假说"的后缀："大陆漂移假说""板块构造假说""宇宙大爆炸假说""冰期起源假说"……

总的来说，科学并不害怕被质疑，而是在质疑中发展。

2. 科学的解释是可检验的。

科学可以被检验，即可以从科学的理论中演绎出其他的可以被检验的命题。

在前面"为什么今天大家都不出门"的例子里，小雨和小强的解释虽然都和问题相关，但小雨的解释是非科学的解释，因为这个解释不能被检验。

想要检验小强的解释，其实很简单。如果大家之所以不出门，是因为外面在下雨，那么可以首先观察现在外面有没有下雨。如果没下，那么小强的解释显然是不成立的；如果外面确实在下雨，那么就需要用更多情况来检验小强的理论。比如，在其他时间里观察下雨是否同样会让人们减少出门次数。若下雨时外出的人确实减少了，就可以强化原有理论——人们很可能会因为下雨而选择待在家里。

但想要检验小雨的解释非常困难——我们无法用可靠的方法检验她是否真的被诅咒了，只能通过观察诅咒的结果来验证其说法。如果小雨在下雨天出门，并且真的少了一年的阳寿，那么就可以验证小雨的解释。但是这存在两个问题：第一，从伦理的角度出发，我们不能仅仅为了验证她的解释，就让她冒着折寿的风险出门；第二，就算她真的被诅咒并且选择了出门，我们也无法验证她的阳寿是否真的少了一年。

能够被检验是科学解释最本质的特征。小雨的解释不能被检验，因此很难说它是科学的。

如何评价科学假说的好坏？

归纳论证里既有力度强的论证，也有力度弱的论证。科学假说也有好坏，我们可以根据一些标准去评价一个科学假说。

与原有假说的协调性

科学的目标是获得一个说明性的假说系统。通过发展科学的假说，人们可以理解更多事实。因此，如果有新的科学假说，那么它至少应该和原有的、已经被证实的假说保持协调。

比如，爱因斯坦提出的相对论替代了牛顿的理论，但牛顿的理论并没有被认为一无是处。在宏观场景下，相对论和经典力学对物体的运动预测是接近的，而相对论的作用是拓宽了描述范围，使得微观世界的高速运动也能被科学解释。

再比如，海王星的发现过程。过去的假说认为，太阳系里只有7颗行星。1821年，亚历斯·布瓦发表了天王星的轨道表，但随后的观测显示，天王星的位置与表中的位置存在严重的偏差。因此，原有的太阳系只有7颗行星的假说就不足以说明观测到的事实了。为了让天王星的实际轨迹在假说上符合观测结果，几位天文学家计算出了会影响天王星运动的第八颗行星的轨道，也就是海王星的轨道。之后的观测印证了第八颗行星的存在，海王星存在的假说继而被验证。在有了新的假说以后，天文学家得以让天王星的运动轨迹符合新的假说。新假说替代了旧假说，但旧假说并非一无是处——新旧假说都包含除海王星之外的7颗行星，新假说是对旧假说的发展。

预测力

一个科学假说可以演绎出的事实的范围越大，其预测力越大。

以科学发展史上的例子说明。伽利略提出了自由落体定律，同时代的天文学家开普勒则通过研究天文数据提出了行星运动定律（开普勒定律）。再后来，牛顿提出了万有引力定律。万有引力定律解释了伽利略的自由落体定律——自由落体是因为物体和地球之间的引力；也解释了行星运动定律——天体运行现象是由行星和太阳之间的引力造成的。万有引力定律还可以用来解释更多的事实：潮汐现象是因为海水、江水受到了太阳、月球的引力的影响，月球绕着地球转是因为月球受到了地球的引力……

因此，相较于自由落体定律和行星运动定律，牛顿的万有引力定律的预测力更大。

简单性

简单性是一个难以说清楚的因素。一般来说，越简单的假说可能越合理。

小健：我们之所以每天都能活着，是因为有人化身超级英雄阻止大反派用必杀技毁灭世界，有人打败了那些试图偷走全球大米的大米兽，有人挡住了那些试图偷走空气的无形幽灵，有人击败了那些试图把冰雪都融化的热浪巨人……我们之所以能够有今天的生活，是因为很多人拯救了地球，他们的行为不为人知。

小雨：我们每天都能活着，但这未必是因为发生了常识之外的拯救地球的事件。

从小健和小雨的假说中演绎出来的事实是一样的——我们每天都能活着。因此，可以根据假说的简单性来判断这两个假说的好坏。因为小雨的假说更为简单，所以它更容易得到支持。

不过，尽管简单性是一个重要的标准，但它也是一个难以公式化和直接应用的标准。比如，在牛顿经典力学和相对论的竞争里,从一个角度看,牛顿的公式看上去更加简单;但从另一个角度看,相对论的内在思想比牛顿的更简单,它仅仅用了两个基本假设——光速不变原理和相对性原理。

定义：为何你总是被别人误解

不知道你有没有这样的经历：你和某个人就一个问题争论了半天以后，才尴尬地发现其实你们之间的观点并没有实质性差异，只是对概念的定义不同。

我们可以把论争分为三类——实质论争、言辞论争、概念论争，这样可以更清楚地知道误解到底是怎样造成的。

三种论争

实质论争

例一

小雨：人工智能对人类发展利大于弊！

小健：人工智能对人类发展弊大于利！

实质论争是双方毫不含糊地对立，双方存在明显的、真实的观点上的差异。

言辞论争

例一
小雨：你是个超级大笨蛋！
小健：我不是！

在言辞论争里，双方并不存在真正的观点差异，而是语言上的误解使得双方发生论争。

概念论争

例一
小强：我歧视不道德的人，我并不为我的歧视行为感到羞耻。

小健：你说的歧视根本就不算是歧视。歧视发生在深入了解某个人之前，指的是一个人仅仅因为某个人的性别、地域、身高等因素，就恶劣地对待对方。如果你已经确定某个人是不道德的人，那么你所谓的歧视根本就不能算歧视。

从表面上来看，概念论争是言辞之争，但其实际上是对实质的论争。双方会因为对核心概念的理解不同，而产生不同的观点。

了解了这三种论争以后，我们就可以在遇到论争时，给论争分类。如果是没有实质歧见的言辞之争，只需要使用更恰当的表达来消除误解，就可以解决争论。对于其他两种论争，可以通过定义来明晰概念，避免推理错误。

定义的五种类型

概念是模糊的。之前，我们在学习非形式谬误时遇到了不少由于概念模糊而导致的逻辑谬误，比如连续体谬误、偷换概念。由于概念的模糊性，我们在辩论时经常会听到这样的一句话——你对××的定义是什么？

人们在不停地"定义"，但"定义"到底是什么意思？我们把定义按照目的分为五类——规定定义、词典定义、精确定义、理论定义、说服定义。

规定定义

例一
1. "×"的含义是算数里的乘。
2. "V"指物体的体积。

给新的符号指派意义,这就是规定定义。至于怎么规定,基本上由规定的人自由决定。新的符号不需要是新奇的,只需要在特定的语境里专门指代即可。比如,虽然V只是英语里的一个大写字母,但是在物理学中,它通常只会指代物体的体积。

词典定义

例一
1. "财富"指具有价值的东西。
2. "手机"指手持式移动电话机。

词典定义并不赋予符号新的含义,而是把一个符号被人所熟知的含义固定下来。词典定义的主要目的是消除歧义,而对于没有充分掌握语言的人,词典定义还可以用于增加词汇量。

精确定义

例一

1. "1秒"是铯-133原子基态的两个超精细能级之间跃迁所对应辐射的9192631770个周期的持续时间。

2. "抢劫罪"指以非法占有为目的,对财物的所有人、保管人使用暴力、胁迫或其他方法,强行将公私财物抢走,从而构成的犯罪。

精确定义的目的是减少概念的模糊性。在精确定义时,概念通常没有什么歧义。1秒和抢劫罪通常不存在概念上的歧义,定义它们的目的是让其更加精准。比如,秒的定义已经精确到了普通人看不太懂的地步。法律里的定义也是为了精确,只有这样,国家才可以更有效地去推行法治。

理论定义

例一

1. "时间"是宇宙的基本结构,是一个会依序列方式出现的维度。
2. "时间"既不是任何一种已经存在的维度,也不是任何会"流动"的实存物,而只是一种心智的概念。

理论定义既不是为了精确,也不是为了减少歧义,而是为了寻求全面的理解。

人类对许多概念的定义过程也是人类寻求全面认识世界的过程。许多概念的定义一直存在争论,除了例子里的"时间",还有"热""正义""意义""权力",等等。

说服定义

例一

1. "优秀的读者"可以清楚地知道书的脉络和重要概念。
2. "好的学生"从来不在上课时和其他学生玩耍。

说服定义的目的是改变别人的态度，存在一定倾向性，我们需要对其保持警惕。

内涵与外延

定义的目的在于表明概念的意义。一般来说，一个概念既有内涵意义，也有外延意义。"内涵"指的是一个概念所包含的属性、特征，重点关注"是什么"；"外延"指的是一个概念所涵盖的所有具体事物或实例，重点关注"什么是"。

在逻辑学里，"内涵"与"外延"是一对常见的术语。学习和理解"内涵"与"外延"，可以帮助我们更准确地把握概念的意义，从而更好地使用概念。

例一
1. "天才"是有上天赋予的才能的人。
2. "天才"是有超越普通人的才能的人。

这个例子里表达了"天才"这一概念的内涵。但在不同人的观念里，"天才"的内涵有时会不同。此时，概念的内涵是模糊的。

例二

亚里士多德、达·芬奇、爱因斯坦都是"天才"。

这个例子可以让我们更好地理解"天才"这一概念的外延——所有的天才的实例构成了"天才"的外延。

外延定义与内涵定义

人在认识一个新的概念时，可能会借助外延定义，而外延定义可以通过实指定义来完成。如果有人不知道"天才"的意思，我可以给他发一张图片，然后对他说："喏，像这样的人就是天才。"像这样通过指出具体对象来进行定义的方法，就叫作"实指定义"。比如，当一个不知道什么是"苹果"的小孩子学习"苹果"这一概念时，可以给他看一张红色苹果的图片，这样一来他更容易知道什么是"苹果"。

但实指定义也存在局限性。第一，模糊性。当小孩子看到红色苹果的图片时，他并不知道到底哪些特征是苹果的特征。实指定义只能让他对苹果有一个大概了解，可能导致他将青苹果认作另一种水果。第二，外延有时不好被指出来，或者外延是空的。当我说"三头六臂的天才"时，我根本找不到一个具体的对象来进行实指定义，但"三头六臂的天才"是有其特指内涵的。

例一

"天才"是有超越普通人的才能的人。

由于实指定义存在局限性,所以我们可以借助内涵定义来理解新的概念。内涵定义也被称为"属加种差"定义。

1. 什么是"属"和"种"?

"属"和"种"是相对的概念,"种"是将"属"分类以后的子类。在"天才是有超越普通人的才能的人"中,"天才"是"种",而"人"是"属"。

2. 什么是"属加种差"?

首先,我们需要一个属,属是"人"。接着,我们需要找出种差,也就是将被定义的种和属与其他所有种区分开来的性质,种差即"有超越普通人的才能"。

属加种差定义有一些标准,越符合标准,定义就越好。比如,定义要接近本质、定义不能循环、定义不能太宽或者太窄、定义要用通俗易懂的语言、定义要尽可能用肯定性描述……

属加种差定义总体上很好,不过属加种差定义也存在一些局限性。第一，有的词汇的内涵很基础，不好再被分析，比如"颜色""音量"。第二，属加种差定义是通过细分一个属实现的，如果要定义的词汇本来就很大，就不能用属加种差定义了，比如"存在""宇宙"。

通过对定义的学习，我们会发现，定义是人们在日常交流或传递信息时不可或缺的一种工具。定义，有时是为了消除歧义，有时是为了减少模糊性，有时则是为了寻求更高层次的理解，甚至是为了说服或操纵他人。

因此，学好关于定义的知识，有助于我们更好地与人沟通，以及正确地对自己的观点进行论证。